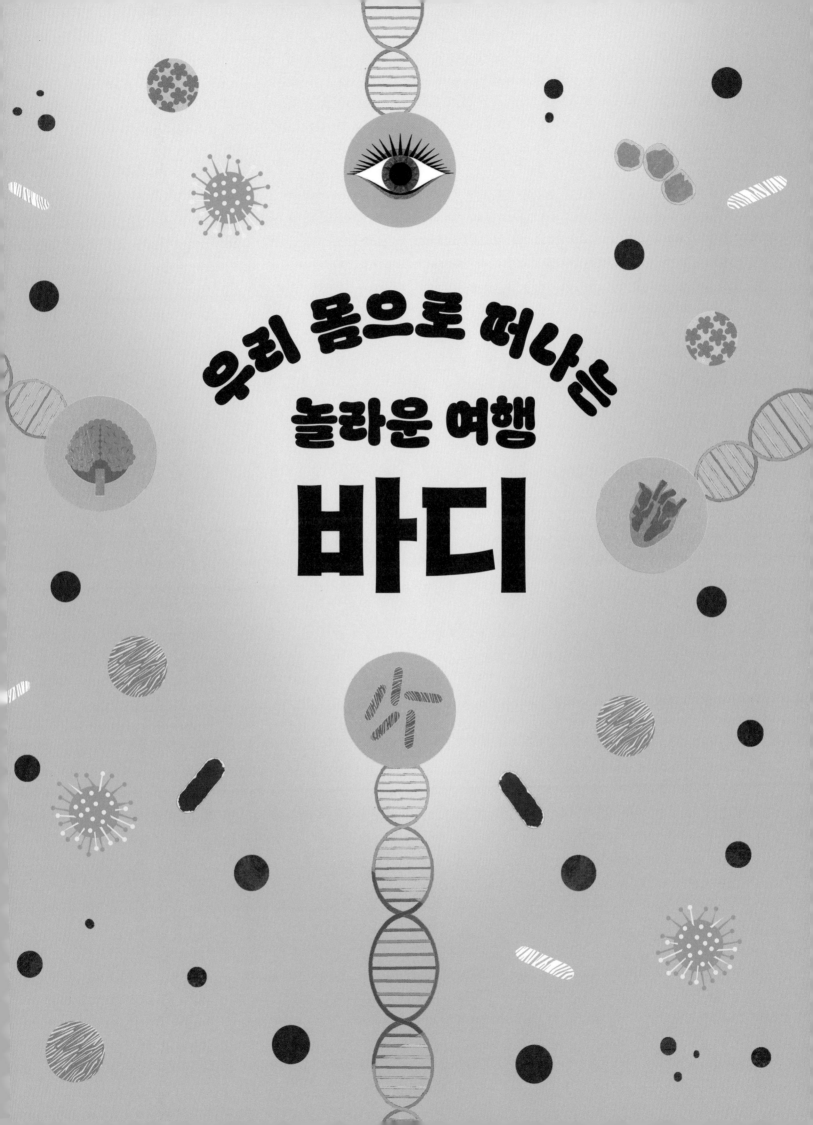

우리 몸으로 떠나는 놀라운 여행

바디

A REALLY SHORT JOURNEY THROUGH THE BODY

by Bill Bryson

Text copyright © Bill Bryson, 2019, 2020, 2023

Adapted by Emma Young

Subject consultants: Rosie Sykes, Mary O'Riordan

Illustrations copyright © Daniel Long, Dawn Cooper, Jesús Sotés, Katie Ponder, 2023

The moral right of the author and illustrators has been asserted.

Korean translation copyright © 2019, 2020, 2024 by Kachi Publishing Co., Ltd.

Korean translation rights arranged with Puffin Books is part of the Penguin Random House group through EYA(Eric Yang Agency).

역자 이한음

서울대학교에서 생물학을 공부했으며 저서로 『투명 인간과 가상 현실 좀 아는 아바타』 등이 있고, 역서로 『유전자의 내밀한 역사』, 『DNA : 유전자 혁명 이야기』, 『조상 이야기 : 생명의 기원을 찾아서』, 『암 : 만병의 황제의 역사』, 『생명 : 40억 년의 비밀』, 『살아 있는 지구의 역사』, 『초파리를 알면 유전자가 보인다』 등이 있다.

바디 : 우리 몸으로 떠나는 놀라운 여행

저자 / 빌 브라이슨

역자 / 이한음

발행처 / 까치글방

발행인 / 박후영

주소 / 서울시 용산구 서빙고로 67, 파크타워 103동 1003호

전화 / 02 · 735 · 8998, 736 · 7768

팩시밀리 / 02 · 723 · 4591

홈페이지 /www.kachibooks.co.kr

전자우편 / kachibooks@gmail.com

등록번호 / 1–528

등록일 / 1977. 8. 5

초판 1쇄 발행일 / 2024. 2. 20

값 / 뒤표지에 쓰여 있음

ISBN 978–89–7291–815–8 03400

빌 브라이슨

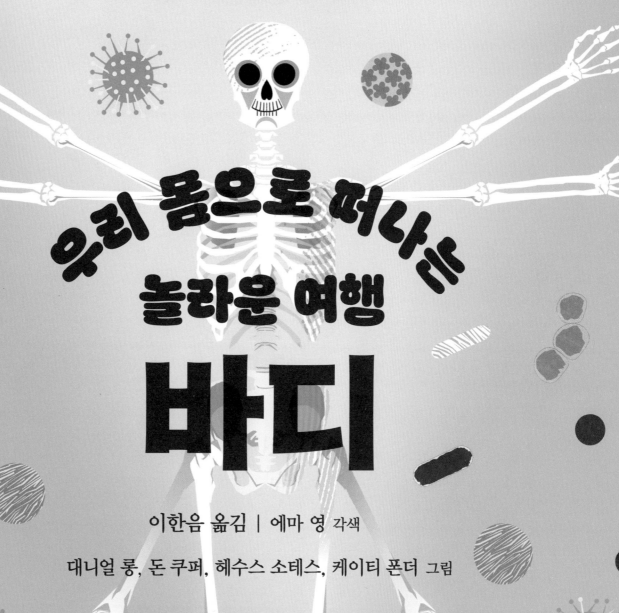

우리 몸으로 떠나는
놀라운 여행

바디

이한음 옮김 | 에마 영 각색

대니얼 롱, 돈 쿠퍼, 헤수스 소테스, 케이티 폰더 그림

차례

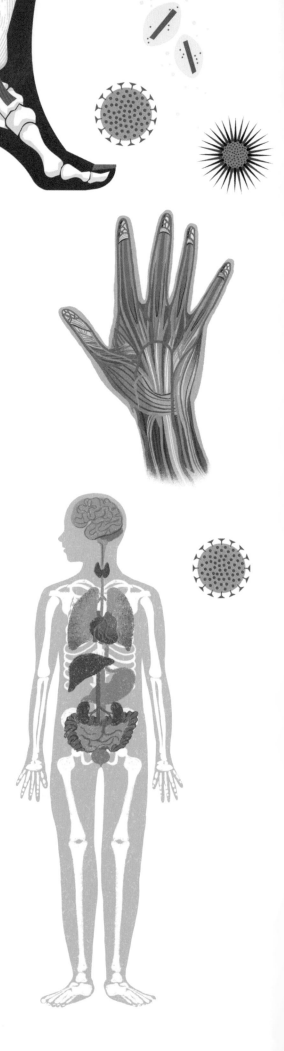

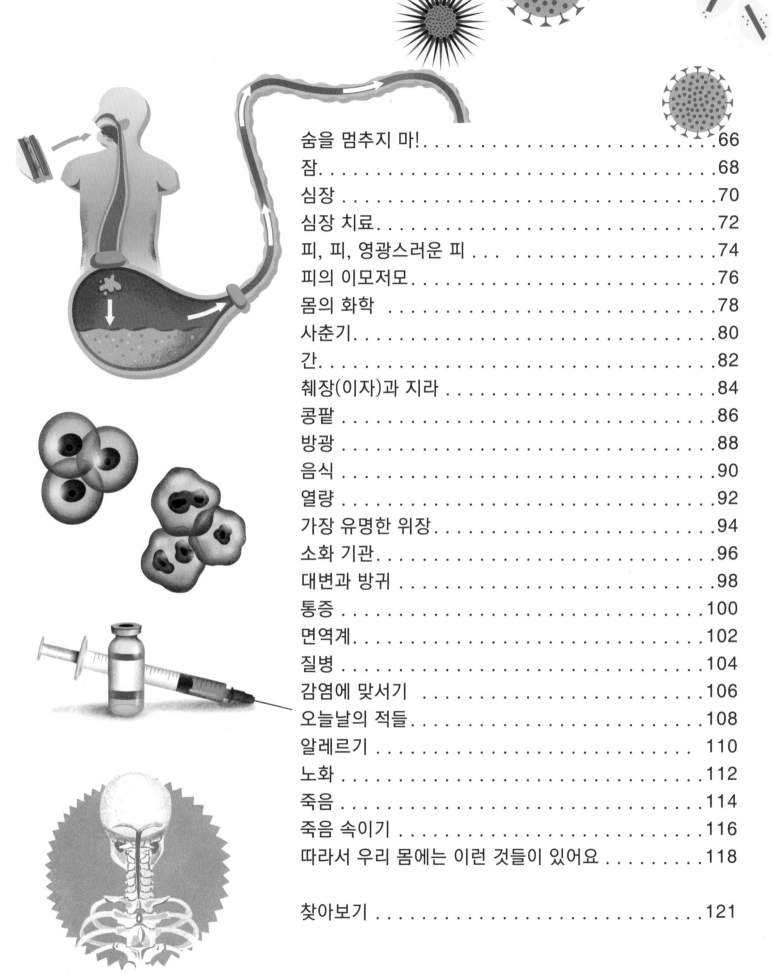

우리는 자기 몸에 별 관심을 두지 않을 때가 많아요. 그냥
알아서 굴러가겠거니 생각하죠. 그러다가 몸이 뭔가 말을 할
때, 뭔가가 필요하다고 말할 때에야 비로소 주의를 기울여요. 간식이나 붕대나 화장실을
요구할 때처럼요. 그외에는 어떤 게임을 할까, 스마트폰으로 뭘 찾아볼까 하는 등 자신에게 아주
중요한 문제에 정신이 팔려 있죠. 몸은 알아서 잘 돌아갈 테니까요……. 뭘 하고 있든 간에요.

그런데 지금 이 순간, 즉 여러분이 앉아서 이 책을 펼친 순간에도 여러분의 몸은 온갖 놀라운
일들을 하고 있답니다.

● 여러분의 지라는 치명적인 침입자 군대에 맞서서 전면전을 펼치고 있어요.

● 깜박이겠다고 굳이 생각할 필요도 없이, 여러분의 눈은 알아서 깜박이고 있어요.
하루에 몇 번이나 깜박일까요? 500번? 1,000번? 무려 약 14,000번이에요.
그러니까 우리는 매일 깨어 있는 시간 중 총 23분 동안 눈을 감고 있는 셈이에요.
그래도 여러분은 알아차리지 못할 거예요.

● 뼛속의 해면질은 적혈구를 마구 만들어요. 여러분이 이 문장을 읽기 시작한
뒤로 몇 개나 만들었을까요? 100만 개예요. 이 새 적혈구들은 벌써 몸속을
빠르게 돌면서 소중한 산소를 온몸으로 보내고 있어요. 앞으로 쉴 새 없이
온몸을 돌 거예요. 지치고 망가져서 못 쓰게 될 때까지요. 그러면 다른
세포에게 먹히고, 분해된 성분은 다른 용도로 쓰일 거예요.

이렇게 잠깐 살펴봐도 드러나지만, 몸은 정말로 놀라워요. 그리고
이 책을 읽으면 무엇이 몸을 이토록 놀랍게 만드는지도 좀 알게 될 거예요.

빌 브라이슨

이 책에서는 대체로 전형적인 몸을 이야기할 거예요. 물론 사람마다 몸은
조금씩 달라요. 저마다 움직임도 다르고, 팔다리 길이도 다르고, 성별에
딱 들어맞지 않기도 해요. 전형적인 몸이라는 말이 몸이 이래야 "정상적"
이라는 뜻은 절대 아니에요.

또 이 책에서는 "수명"이나 "평생" 같은 단어도 "전형적인" 의미로 사용해요.
사람은 평균 약 73년을 살아요. 이 책에서 "수명"이나 "평생"이라는 단어는
바로 그 기간을 가리키는 의미로 쓰는 거예요.

몸을 만드는 방법

사람의 몸을 새로 만들고 싶다고 해볼게요. 먼저 재료를 살 돈이 필요하겠죠.
정확히 얼마나 든다고 말하기는 어렵지만, 20만 원 이하로 가능할지도 몰라요.

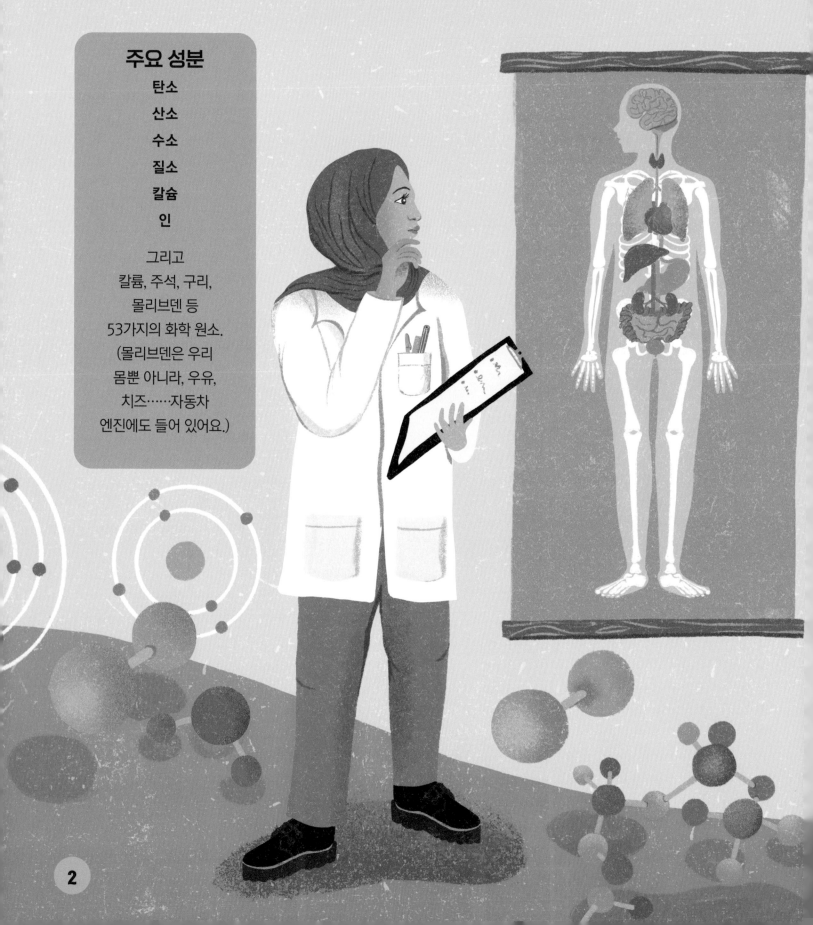

주요 성분

탄소
산소
수소
질소
칼슘
인

그리고
칼륨, 주석, 구리,
몰리브덴 등
53가지의 화학 원소.
(몰리브덴은 우리
몸뿐 아니라, 우유,
치즈……자동차
엔진에도 들어 있어요.)

만드는 방법

이제부터는 살짝 복잡해져요.
지금 살고 있는, 아니 지금까지 살았던 가장 똑똑한
사람들을 다 모아도 사람은커녕 살아 있는 세포 하나도
만들어내지 못하거든요.

우리 몸을 만들려면 총 70억×10억×10억
(7,000,000,000,000,000,000,000,000,000)
개의 원자가 필요해요. 이 원자들을 다 모아서
뭉쳐놓으면 그냥 흙 한 무더기와 다를 바 없을 거예요.
그런데 어떻게든 조합해서 우리 몸을 이루게 되면,
정말로 아주 특별해져요.
그냥 몸만이 아니라 **생명 자체**가 되니까요.

원자는 화학물질의
가장 작은 구성 단위예요.
물의 화학 기호가 H_2O라는
건 알고 있을 거예요.
수소 원자 2개와
산소 원자 1개가 결합해서
물 분자 1개가 되었다는
뜻이에요. 우리 몸에 든 원자
중 약 4분의 1은 산소고,
탄소는 약 12퍼센트에
불과해요. 그래도 우리를
탄소 기반 생명체라고 하는데,
우리 몸의 중요한 분자들
상당수가 탄소를 중심으로
만들어지기 때문이에요.

세포란 무엇일까?

세포는 생명의 기본 단위예요. 우리 몸은 약 30조 개의 세포로 이루어져 있어요.
3,000 × 10억 개. 그러니 우리가 가진 원자의 개수에 비하면 적지만,
그래도 아주 많은 셈이랍니다!

그런데 모든 세포의 모양이 똑같지는 않아요. 적혈구는 지라 세포와 전혀 다르게 생겼고,
눈꺼풀 피부에 있는 세포와도 완전히 달라요.
각자 맡은 일이 전혀 다르기 때문이에요.

그래도 대다수의 세포는 같은 기본 성분들을 가지고 있어요.

세포의 중심은 **세포핵**인데, 세포의 **DNA**가 들어 있어요.
(DNA가 정확히 무엇인지는 잠시 뒤에 알아볼 거예요.)

세포핵 밖에는 다른 온갖
중요한 성분들이 있어요.

골지체
가야 할 곳으로 보낼 수 있도록
단백질을 포장하고 꼬리표를
붙여요. 골지체를 "세포의 우체국"
이라고도 한답니다.

미토콘드리아
세포의 발전소. 자동차가 휘발유나
디젤유나 전기로 움직이듯이,
우리 몸도 움직이려면 연료가
필요해요. 몸의 연료는 "아데노신
삼인산"이고, 줄여서 ATP라고 해요.
미토콘드리아는 음식에 든 에너지를
ATP로 바꾸는 일을 해요. 이 연료가
없다면, 세포는 죽을 거예요.

소포체
세포가 이런저런 일을 할 때
필요한 단백질을 만들어요.

더욱 놀라운 성분은 DNA예요. DNA는 너무나 가늘어서 200억 가닥을 나란히 죽 늘어놓아야 겨우 사람의 가장 가느다란 털만큼 굵어질 정도예요. 그래도 세포에는 DNA가 아주 많고 세포도 아주 많으므로, 몸의 DNA를 한 줄로 죽 이으면 160억 킬로미터에 달할 거예요. 태양계의 명왕성 너머까지 뻗어나갈 정도지요. 우리의 몸속에 태양계 바깥까지 이어지는 밧줄이 있다고 상상해봐요. 말 그대로 우리는 우주적 존재랍니다!

세포가 살아가려면 뭐가 필요할까?

- **음식** – 특히 당. 당에는 ATP로 바뀔 에너지가 들어 있어요.
- **산소** – 당의 에너지를 ATP로 전환하는 데 꼭 필요해요.
- **물** – 세포 안에서 영양소를 여기저기로 옮기고 보내는 데 필요해요.

음식물로부터 ATP를 만들 때 세 종류의 노폐물이 생겨요.
- **이산화탄소** – 호흡할 때 배출되지요.
- **암모니아** – 간에서 조금 처리된 뒤, 소변으로 나와요.
- **물** – 세포에 필요 없는 물은 이윽고 혈액으로 들어갔다가 소변, 대변, 땀, 호흡을 통해 빠져나가요.

우리 세포는 작지만, 서로 결합되어서 큰 구조를 만들 수 있어요.
사실 활짝 펼친다면, 우리 몸은 아주 커져요.
- 허파 한 쌍을 죽 펼치면 테니스장만 해요.
- 허파의 숨길을 다 뜯어서 한 줄로 죽 이으면 런던에서 모스크바까지 이어질 거예요.
- 혈관(정맥, 동맥, 더 작은 모세혈관)을 같은 식으로 이으면, 지구 둘레를 2.5번 감을 수 있어요.

DNA

DNA란 무엇일까?

DNA는 우리를 만드는 제작 설명서예요.
우리 몸의 거의 모든 세포에는 이 설명서가 두 권씩
들어 있어요. 확대해서 더 자세히 들여다볼까요?

DNA는
데옥시리보핵산(deoxyribo-
nucleic acid)의
줄임말이에요. 혹시
모르는 친구도 있을지
모르니, 지식을 뽐내보도록!

이중 나선

DNA는 두 가닥이 서로 연결되어
비틀린 사다리 모양이에요.
이 구조를 **이중 나선**이라고 해요.

DNA는 **세포핵**에 들어 있고,
염색체 형태로 포장되어 있어요.

DNA에는 군데군데 **유전자**가 들어 있어요. 유전자는
세포에 특정한 **단백질**을 만드는 방법을 알리는 암호문이에요.

몸에서 일어나는 일들은 대개 단백질이 해요. 어떤 단백질은 몸속에서
유용한 화학 반응을 촉진하고, 어떤 단백질은 해로운 침입자와 맞서
싸우죠. 또 근육과 뼈와 뇌를 비롯한 몸의 거의 모든 부위는 주로
단백질로 이루어져 있어요.

DNA의 발현 차이

왜 간세포는 털세포와 전혀 다르게 생겼을까요?
들어 있는 DNA는 똑같은데 말이죠.

세포마다 켜지는 유전자가 다르기 때문이에요.
간세포에서 켜지는 유전자들과 털세포에서 켜지는
유전자들은 서로 달라요. 따라서 만들어지는 단백질들도
서로 다르고, 그 결과 모습도 달라지고 하는 일도 달라져요.

실제로 눈 색깔이나 코 모양을 결정하는 것처럼
외모에 직접 영향을 미치는 유전자는 극소수예요.

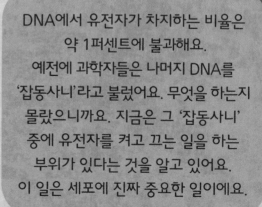

DNA에서 유전자가 차지하는 비율은
약 1퍼센트에 불과해요.
예전에 과학자들은 나머지 DNA를
'잡동사니'라고 불렀어요. 무엇을 하는지
몰랐으니까요. 지금은 그 '잡동사니'
중에 유전자를 켜고 끄는 일을 하는
부위가 있다는 것을 알고 있어요.
이 일은 세포에 진짜 중요한 일이에요.

DNA는 사람마다 달라요. (일란성 쌍둥이가 아니라면. 또 사악한 누군가가 여러분을 복제한 것이 아니라면.)

모든 사람의 DNA는 99.9퍼센트가 같아요. 따라서 우리 모두는 거의 똑같아요. 그러나 내 DNA와 여러분의 DNA는 300만~400만 군데쯤 다를 거예요. 우리가 지닌 DNA가 아주 많다는 점을 생각하면 아주 적은 편이지만, 그래도 우리 각자를 충분히 다르게 만들 수 있어요.

우리 DNA는 어디에서 올까?

우리 몸의 거의 모든 세포에는 23쌍의 염색체가 들어 있어요. 한쪽은 생물학적 엄마에게, 다른 한쪽은 생물학적 아빠에게 받은 거예요. 그러니까 우리 DNA는 부모님께 받은 DNA의 혼합물이에요. 또 자기만 지닌 유전적 **돌연변이**도 약 100군데 있을 거예요. 부모님의 DNA와 딱 들어맞지 않는 부위로, 자기에게만 있는 것이랍니다.

염색체 수가 다른 사람들도 있어요. 예를 들면, 다운증후군이 있는 사람은 21번 염색체가 하나 더 많아요.

DNA는 극도로 안정적이에요. 아마 우리가 지금 가지고 있는 것들, 그러니까 옷도 게임도 컴퓨터도 1,000년 뒤에는 다 사라지고 없을 거예요. 그러나 우리의 DNA는 남아 있을 것이 거의 확실해요. 놀랍게도 과학자들은 최근에 80만 년 된 인류 화석에서 유전 정보를 추출하는 데 성공했어요.

잉태와 출생

우리의 DNA 제작 설명서는 정확히 어떻게 작성될까요?

정말로 사람을 만들려면, 남성의 **정자**와 여성의 **난자**가 필요해요.
여성은 임신이 가능한 가임기에는 약 한 달마다 **난소**에서 난자가 하나씩 나와서
자궁관으로 들어가요.

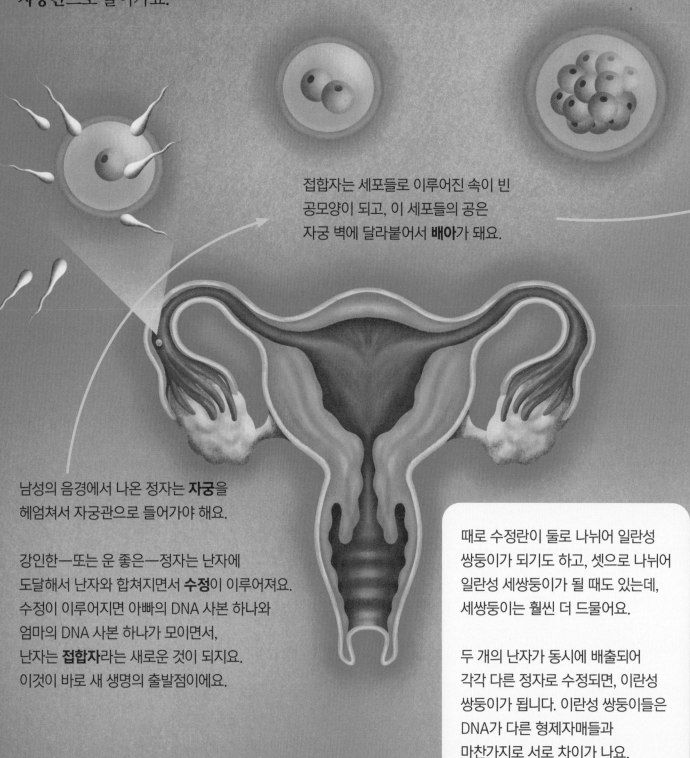

접합자는 세포들로 이루어진 속이 빈
공모양이 되고, 이 세포들의 공은
자궁 벽에 달라붙어서 **배아**가 돼요.

남성의 음경에서 나온 정자는 **자궁**을
헤엄쳐서 자궁관으로 들어가야 해요.

강인한—또는 운 좋은—정자는 난자에
도달해서 난자와 합쳐지면서 **수정**이 이루어져요.
수정이 이루어지면 아빠의 DNA 사본 하나와
엄마의 DNA 사본 하나가 모이면서,
난자는 **접합자**라는 새로운 것이 되지요.
이것이 바로 새 생명의 출발점이에요.

때로 수정란이 둘로 나뉘어 일란성
쌍둥이가 되기도 하고, 셋으로 나뉘어
일란성 세쌍둥이가 될 때도 있는데,
세쌍둥이는 훨씬 더 드물어요.

두 개의 난자가 동시에 배출되어
각각 다른 정자로 수정되면, 이란성
쌍둥이가 됩니다. 이란성 쌍둥이들은
DNA가 다른 형제자매들과
마찬가지로 서로 차이가 나요.

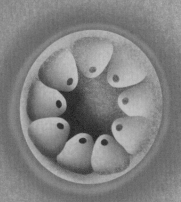

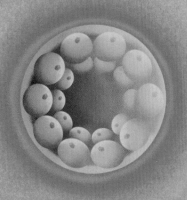

8주일 뒤에 배아는
태아가 돼요.

3주일이 지나면
배아의 심장이
뛰기 시작해요.

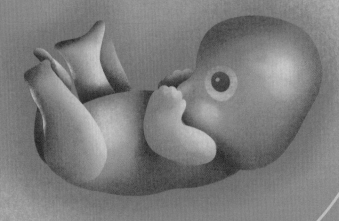

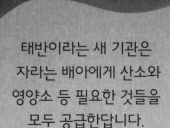

태반이라는 새 기관은
자라는 배아에게 산소와
영양소 등 필요한 것들을
모두 공급한답니다.

102일 뒤 태아는 눈을 깜박일 수 있고,
280일, 즉 약 9개월 뒤에는 아기 모습을
온전히 갖춰요.

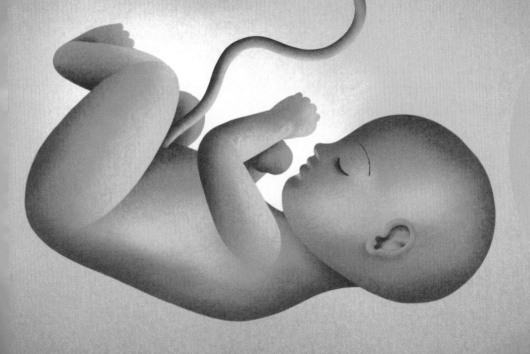

해마다 약 50만 명의 아기가
체외 수정을 통해서
태어나요.
체외 수정은 실험실에서
난자와 정자를 수정시켜서 배아를
만드는 방법이에요. 임신이 힘든
사람들을 돕는답니다.

완벽한 뼈대를 찾습니다

필수 조건 :

- 몸이 와르르 무너지지 않게 막을 것! 단단해야 해요. 그러면서도 몸을 구부리고 비틀 수 있도록 필요할 때에는 나긋나긋해야 하고요.
- 부드러운 몸속을 보호할 것!
- 아주 유연할 것! 무릎은 서 있을 때에는 튼튼히 받치고, 앉을 때에는 140도까지 구부러져야 해요.
- 고장 난 로봇처럼 팔을 흔들면서 달리고, 높이 뛰고, 헤엄치고, 기어오르고, 옆으로 뛸 수 있어야 해요.

추가 필수 조건 :

- 혈구를 만들고, 화학물질을 저장하고, 소리를 전달할 것.

뼈대는 이 모든 일을 매일……그리고 수십 년 동안 계속해요.

우리 몸의 뼈가 206개라는 말을 흔히 하는데, 실제 개수는 사람마다 조금 다를 수도 있어요. 예를 들면 약 8명에 1명꼴로 13번째 갈비뼈가 한 쌍 더 있어요.

뼈는 몸에 골고루 흩어져 있지 않아요. 절반 이상은 손과 발에 모여 있어요. 손발이 욕심이 많나 봐요. 발에만 52개가 있어요. 척추보다 **2배** 이상 많지요. 그렇게 모여 있을 이유는 없어요! 그냥 우연히 진화했을 수도 있어요.

살아 있어!

우리는 뼈가 그저 딱딱하게 굳은 떠받치는 틀이라고 생각하지만, 뼈도 살아 있는 조직이에요. 뼈는 단백질(주로 콜라겐)에다가 칼슘 같은 무기물이 섞여서 만들어져요.

근육처럼 뼈도 운동하고 쓸수록 더 커져요. 그런데 뼈는 다쳐도 흉터가 남지 않는 유일한 조직이기도 해요. 또 뼈는 안 쓰면 줄어들어요. 다리에서 최대 30센티미터(표준 자 길이)까지 뼈를 잘라내도, 틀로 다리를 고정하고 뼈를 늘이는 기구를 이용하면, 뼈가 다시 자라나서 잘린 부분을 메울 거예요. 근육으로는 시도할 생각조차 하면 안 돼요.

무게를 기준으로 비교해보면, 뼈는 강철보다 강해요. 밀도가 낮아서 강철보다 더 쉽게 부러지기는 하지만요. 같은 부피에 물질이 덜 빽빽하게 들어 있다는 뜻이에요. 어른의 뼈는 총무게가 9킬로그램에 불과하지만 누르는 무게를 1톤까지 견딜 수 있어요. 오토바이 바퀴 하나에 커다란 기린 수컷이 올라타 있는 것과 비슷해요.

우리는 두 개 이상의 뼈가 서로 만나는 부위에서 몸을 움직일 수 있는데, 이 부위가 관절이에요.

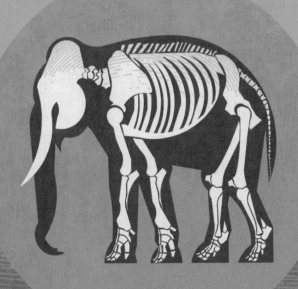

동물의 몸집이 클수록 뼈도 더 무거워야 해요. 코끼리의 뼈는 몸무게의 13퍼센트를 차지하지만, 작은 땃쥐의 뼈는 겨우 4퍼센트에 불과해요. 사람은 8.5퍼센트예요.

근육

경고! 좀 예민한 사람은, 이 부분을 읽을 때 주저앉고 싶을 수도 있어요.

사람의 팔에서 피부를 벗겨내면, 사람 살도 닭이나 칠면조 살과 아주 비슷해 보여요. 손가락과 손톱이 달린 손을 봐야 사람 팔임을 알아차릴 수 있어요. 어, 속이 좀 울렁거리는 것 같다고요?

나는 의대생들이 몸을 배우는 해부실에 와 있어요. 실제로 시신을 보면서 배우지요. 오랜 친구인 의사 벤 올리비어의 초청을 받았어요.

우리의 손과 손목이 하는 온갖 일들을 생각해봐요……. 작은 공간에 너무 많은 것이 들어가 있어서 많은 일을 원격으로 할 수밖에 없어요. 주먹을 꽉 쥐면, 아래팔이 긴장되는 것이 느껴집니다. 그 일을 대부분 팔 근육이 하기 때문이에요.

몸이 크든 작든, 몸의 윤곽을 만드는 것은 근육이에요. 우리 몸에는 600개가 넘는 근육이 있어요. 머리 끝에서 발가락 끝까지 어디에나 있지요. 근육은 1,000가지 방식으로 우리를 위해 끊임없이 일하고 있지만, 제대로 인정을 받지 못해요.

- 위장의 음식물을 주물거려서 소화를 도와요.
- 할머니께 뽀뽀하려고 할 때 입술을 내밀게 해요.
- 숨 쉴 수 있도록 허파를 움직여요.
  (할머니께 뽀뽀하는 것보다 조금 더 중요한 일이지요!)

심장근

뼈대근

내장근

우리 몸의 근육은 크게 세 종류로 나뉘어요. 심장에 있는 **심장근**, 위장과 창자를 비롯한 여러 기관에 들어 있는 **내장근**, 뼈에 붙어 있는 **뼈대근**이에요.

우리가 생각을 통해 직접 통제할 수 있는 것은 뼈대근뿐이에요. 심장은 마음 내키는 대로 멈출 수가 없어요. 그러나 팔과 다리는 마음먹은 대로 움직일 수 있지요.

- 일어서는 데에는 100개의 근육이 쓰여요.
- 눈으로 지금 이 단어들을 읽는 데에는 근육 12개가 필요해요.
- 엄지를 씰룩거리면서 게임기를 누를 때에도 근육 10개가 필요할 수 있어요.

근육은 모두 똑같은 성분으로 이루어져 있어요. 신축성이
있는 섬유 수천 개가 촘촘하게 다발로 묶여 있지요.
그러나 근육마다 하는 일은 달라요.

굽힘근은 관절을 구부려요.
무릎을 구부릴 때처럼요.

조임근은 꽉 조여서 닫아요. 위장 위쪽에도 있어요.
위장에 들어간 음식물이 다시 입으로 나오지 않도록
막지요. (물론 토할 때에는 열려요.)

폄근은 관절을 펴요.
팔을 쭉 뻗을 때처럼요.

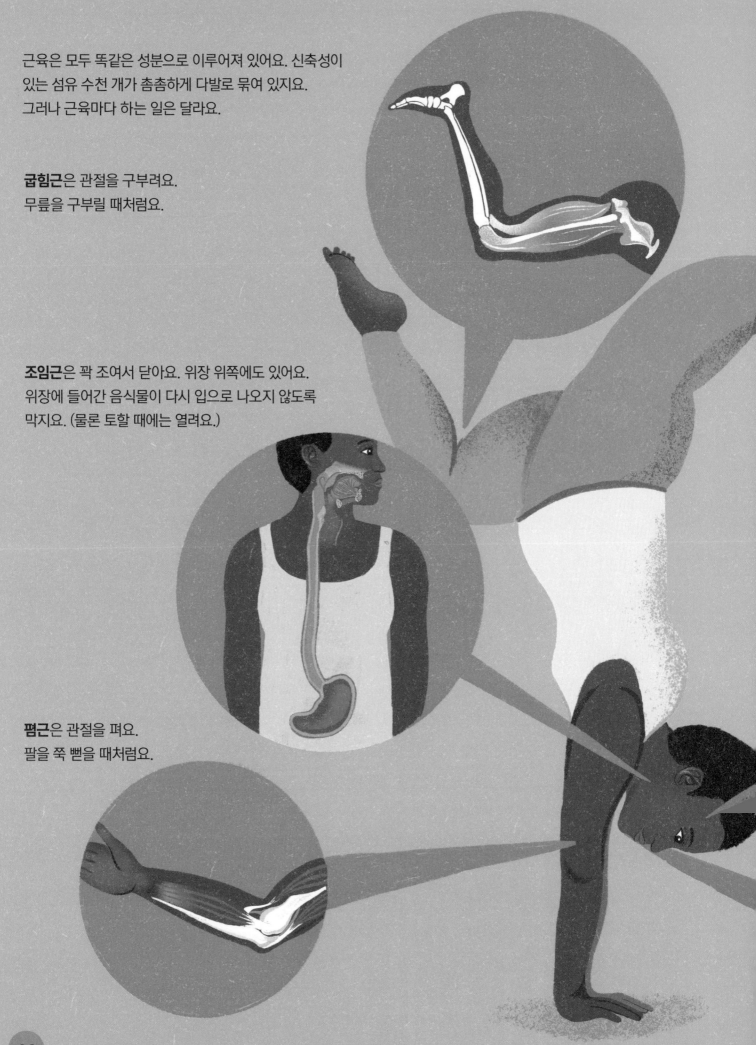

몸에서 가장 큰 근육은 뭘까요?

엉덩이 근육이라고요? 맞아요. 엉덩이에는 두 개의 커다란
근육이 있어요. 서 있고 계단을 오르는 데 쓰이고,
푹신해서 학교에서 오래 의자에 앉아 있을
때에도 도움을 주지요.

근육을 당길 때 어떤 일이
일어날까요? 당겨진(또는 힘을
준) 근육은 뻣뻣하게 느껴져요.
너무 심하게 당기면 아파요.
신축성 있는 근섬유 중 일부가
찢어져서 그런 거예요.

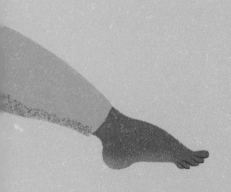

올림근은 신체 부위를 들어올려요. 눈을 뜨거나
눈꺼풀을 치켜올릴 때처럼요.
(만화책의 멋진 캐릭터가 보이는 행동처럼 말이에요.)

내림근은 신체 부위를 낮춰요.
눈살을 찌푸릴 때처럼요.

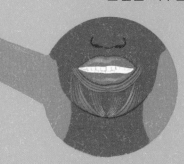

오늘날 의사들은 사람들이 기증한 시신으로
인체를 공부해요. 하지만 불행하게도
그렇지 못한 시대도 있었어요.
영국의 빅토리아 여왕 시대에는 의대생들이
처형된 범죄자의 시신을 이용했어요.
시신이 부족한 탓에 도굴꾼들이
묘지에 막 묻힌 시신을 파내어
판매하기도 했어요!

넙다리뼈는 어디에 연결되어 있냐면요···

뼈와 근육은 몸에서 아주 중요해요. 그런데 일을 하려면 잘 고정되어 있어야
해요. 그렇지 않으면 피부 속에서 제멋대로 돌아다닐 테니까요.

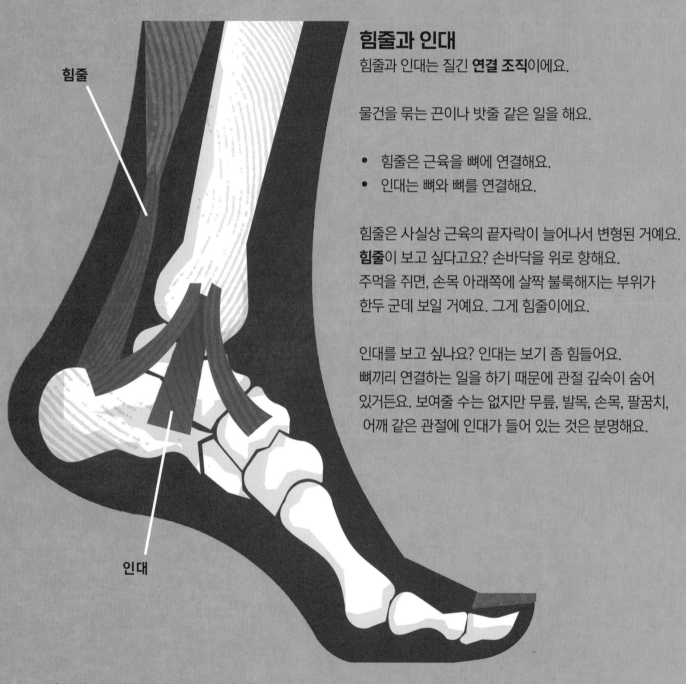

힘줄

인대

힘줄과 인대

힘줄과 인대는 질긴 **연결 조직**이에요.

물건을 묶는 끈이나 밧줄 같은 일을 해요.

* 힘줄은 근육을 뼈에 연결해요.
* 인대는 뼈와 뼈를 연결해요.

힘줄은 사실상 근육의 끝자락이 늘어나서 변형된 거예요.
힘줄이 보고 싶다고요? 손바닥을 위로 향해요.
주먹을 쥐면, 손목 아래쪽에 살짝 불룩해지는 부위가
한두 군데 보일 거예요. 그게 힘줄이에요.

인대를 보고 싶나요? 인대는 보기 좀 힘들어요.
뼈끼리 연결하는 일을 하기 때문에 관절 깊숙이 숨어
있거든요. 보여줄 수는 없지만 무릎, 발목, 손목, 팔꿈치,
어깨 같은 관절에 인대가 들어 있는 것은 분명해요.

힘줄은 튼튼해요. 대개 아주 큰 힘을 가해야만 힘줄을 찢을 수 있어요. 그렇지만 힘줄에는 피가 거의 흐르지
않아요. 그래서 일단 손상되면 낫는 데 아주 오래 걸려요. 그래도 **연골**보다는 피가 더 통해요.
사실 연골에는 피가 아예 공급되지 않아서, 힘줄보다 낫는 데 더 오래 걸려요.

연골

연골도 아주 놀라워요. 얼음보다 훨씬 더 매끄럽지만, 얼음과 달리 약하지 않아서
쉽게 부서지지 않아요. 얼음과 달리 세게 눌러도 쪼개지지 않아요.
그리고 연골은 저절로 자라요. 살아 있는 조직이니까요.

동물의 뼈(굳뼈)는 연골(물렁뼈)보다 더 나중에 진화했어요. 상어는
우리보다 수억 년 더 먼저 출현했어요. 상어의 뼈대는 거의 전부 연골로
이루어져 있지요. 연골은 뼈보다 더 유연하고 훨씬 가벼워요.
대신에 뼈보다 약해요.

우리 뼈대는 주로 뼈로 이루어져 있지만,
연골로 된 부위도 있어요.

- 바깥귀. 손으로 만져봐요.
  단단한 부위가 연골이에요.
- 코. 코끝도 연골이에요.
- 기관의 벽. 목 앞쪽에 손을 대면
  단단한 연골이 만져질 거예요.
- 뼈 끝, 관절.

관절에서 연골은 뼈들이 움직일 때 서로 긁히지 않고 잘 미끄러지도록 해요. (긁히면 금방 손상될 거예요.)
연골로 이루어진 링크에서 스케이트를 탈 수 있다면, 얼음판에서 탈 때보다 16배 더 빨리 움직일 거예요.

세계 최고의 과학자와 기술자들은 연골 같은 물질을 만들려고 했지만 계속 실패했어요.

손과 발

손과 발에서는 근육, 뼈, 힘줄 등 지금까지 배운 모든 것들이 조화롭게 움직이면서 아주 놀라운 일들을 해요.

손을 자세히 살펴볼까요.
손 하나에만도 아래의 것들이 들어 있답니다.

- 뼈 29개
- 근육 17개(게다가 실제로 손을 움직이는 일을 하는 아래팔에는 18개)
- 인대 123개
- 주요 동맥(심장에서 신선한 피가 오는 혈관) 2개
- 주요 신경(뇌와 신호를 주고받는 일을 하는 조직) 3개와 다른 신경 45개

손에 있는 신경 중 하나를 **자신경**이라고 하는데요. 바로 팔꿈치뼈를 부딪쳤을 때 찌릿하는 느낌을 일으키는 신경이지요. 이 신경이 팔꿈치 끝으로 지나가거든요.

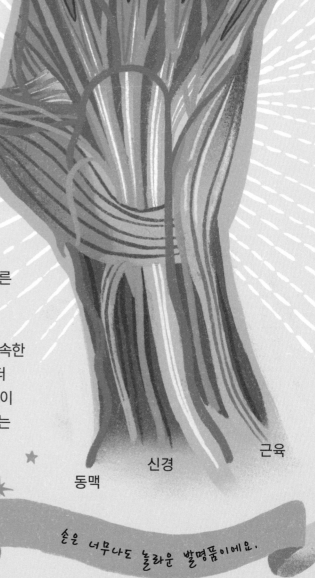

사람이 **마주 보는 엄지**를 지녔다는 말을 흔히 해요. 엄지손가락을 다른 손가락들과 맞댈 수 있어서, 이것저것 잘 움켜쥘 수 있다는 뜻이에요.

사실 대부분의 영장류(사람뿐 아니라 침팬지, 원숭이, 여우원숭이도 속한 동물 집단)는 마주 보는 엄지를 가지고 있어요. 그저 우리 엄지가 좀더 잘 움직일 뿐이지요. 우리 엄지에는 다른 동물들에게 없는 작은 근육이 3개 들어 있어요. 침팬지에게도 없어요. 이 작은 근육들 덕분에 우리는 정확하면서 섬세하게 도구를 쥐고 다룰 수 있어요. 우리가 멋진 그림을 그리거나 레고로 놀라운 작품을 조립할 수 있는 것은 이 특별한 근육 덕분이에요.

동맥   신경   근육

손은 너무나도 놀라운 발명품이에요.

걷기와 달리기

우리는 평생 동안 약 2,000만 걸음을 걸을 거예요. 한 걸음을 내딛을 때마다 우리 발은 이런 일들을 할 거예요.

- 충격 흡수. 그래서 발을 디딜 때마다 몸이 마구 덜거덕거리지 않아요.
- 넘어지지 않도록 받치는 발판 제공. 몸 전체에 비하면 아주 작은 발판이지요.
- 미는 힘. 사실 이 힘이 없으면 걸음을 옮기지 못해요.

그런데 우리는 걷기만 하는 것이 아니에요. 달리기도 해요. 그리고 달릴 때 우리는 목 뒤쪽으로 쭉 뻗은 인대의 도움을 받아요. 이 인대는 침팬지를 포함한 다른 유인원들에게는 없어요. 이 **목덜미 인대**는 하는 일이 딱 하나예요. 바로 달릴 때 머리가 흔들리지 않게 붙드는 것입니다.

우리가 가장 빨리 달리는 동물이 아닌 것은 맞아요. 가장 빨리 달리는 사람은 시속 약 32킬로미터까지 속도를 낼 수 있지만, 오래는 못 달려요. 그러나 대부분의 큰 동물이 길어야 약 15킬로미터밖에 달리지 못하는 반면, 우리는 달리고 또 달릴 수 있어요. 무더운 날에 영양이나 누가 육상선수를 빠른 걸음으로 계속 쫓아간다면, 사람보다 빨리 지쳐 쓰러질 거예요.

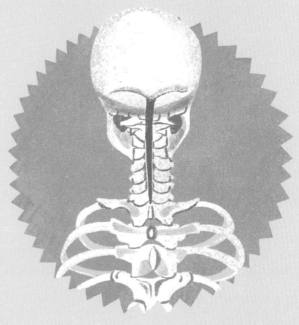

여러분은 손가락이 8개일까요? 아니면 엄지도 포함해서 사실은 10개일까요? 손가락을 셀 때 엄지도 세어야 하는지를 놓고 의사들도 의견이 갈린대요.

여기서 말하는 것은 전형적인 몸이에요. 물론 몸을 다른 식으로 움직이는 사람도 많답니다.

털

털, 어디에나 있는 털

우리는 털로 덮여 있어요. 정말로, 진짜 털로요. 실제로 우리는 친척인 유인원들보다 더 털이 많아요. 그저 털이 훨씬 짧고 가늘 뿐이에요. 적어도 대부분의 신체 부위에서는 짧고 가늘어요.

머리털은 달라요, 그렇지 않나요? 우리 머리에 털이 많도록 진화한 이유가 몇 가지 있어요.

* 털은 추운 날씨에 좋은 단열재 역할을 해요. 머리에서 빠져나가는 열을 줄여서 따뜻하게 유지한다는 뜻이에요.
* 더운 날씨에는 열을 잘 반사해서, 머리가 너무 뜨거워지지 않도록 도와요.

몸의 털

우리 몸의 대부분은 털로 덮여 있어요. 털이 훨씬 가늘고 듬성듬성 난 부위들도 있지만요. 몸에 털이 난 이유를 이해하려면 쥐, 염소, 토끼, 사자 등 다른 포유동물들을 살펴보아야 해요.
포유류만 털이 있거든요.

사람을 포함한 모든 포유동물은 피부에 난 작은 구멍인 **털집**에서 털이 자라요. 추위를 타면 포유동물의 털은 빳빳이 서요. 소름이 돋는 거예요. 쥐와 토끼 같은 털북숭이 동물은 아주 쉽게 털을 빳빳하게 세울 수 있어요. 털을 세우면 털과 피부 사이에 공기층이 생겨서 몸을 따뜻하게 유지하는 데 도움을 줘요. 사람은 털이 일어서면 "닭살"이 돋아요. 그런데 닭살은 사실 아무런 쓸모도 없어요.

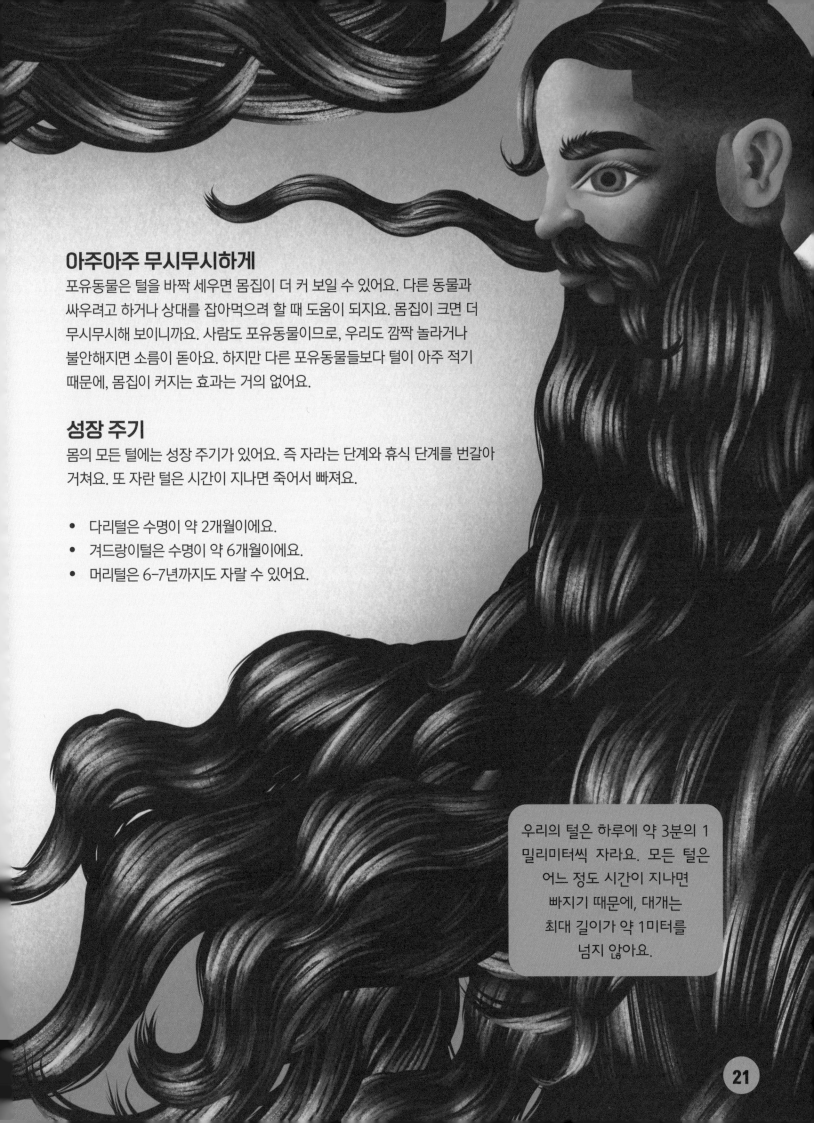

아주아주 무시무시하게

포유동물은 털을 바짝 세우면 몸집이 더 커 보일 수 있어요. 다른 동물과 싸우려고 하거나 상대를 잡아먹으려 할 때 도움이 되지요. 몸집이 크면 더 무시무시해 보이니까요. 사람도 포유동물이므로, 우리도 깜짝 놀라거나 불안해지면 소름이 돋아요. 하지만 다른 포유동물들보다 털이 아주 적기 때문에, 몸집이 커지는 효과는 거의 없어요.

성장 주기

몸의 모든 털에는 성장 주기가 있어요. 즉 자라는 단계와 휴식 단계를 번갈아 거쳐요. 또 자란 털은 시간이 지나면 죽어서 빠져요.

- 다리털은 수명이 약 2개월이에요.
- 겨드랑이털은 수명이 약 6개월이에요.
- 머리털은 6-7년까지도 자랄 수 있어요.

우리의 털은 하루에 약 3분의 1 밀리미터씩 자라요. 모든 털은 어느 정도 시간이 지나면 빠지기 때문에, 대개는 최대 길이가 약 1미터를 넘지 않아요.

피부

우리 몸이 비늘로 덮여 있다는 사실을 알고 있나요? 사실은 피부 조각인데, 그냥 **비늘**이라고 부르곤 해요. 비늘은 피부에서 먼지처럼 떨어져 나가요. 어른은 한 해에 약 500그램의 피부 조각을 떨궈요. 맞아요. 집 안에서 볼 수 있는 먼지는 대부분 우리의 피부 조각이에요!

그렇다고 해서 박박 문질러서 떼어내려고 하지 말아요. 피부는 놀라운 부위거든요. 사실 피부는 몸에서 가장 큰 기관이에요. 그리고 온갖 일을 하지요. 좋은 것(피 같은)은 간직하고 나쁜 것(찌꺼기 같은)은 모아두었다가 내보내는 쓰레기 봉지 역할도 해요. 또 몸을 식히는 일도 하고, 비타민도 만들어요.

피부는 긁히거나 베여도, 결코 일을 그만두지 않아요. 심장이나 콩팥이 계속 일을 하는 것처럼요. 피부가 갑자기 일을 그만둔다고 상상해봐요. 근육이 갑자기 몸 밖으로 튀어나올 거예요. 피도 저절로 새어나와서 땅으로 줄줄 흘러내릴 거고요.

우리 피부는 **진피**라는 안쪽 층과 **표피**라는 바깥 층으로 이루어져 있어요. **표피**의 표면, 즉 우리가 눈으로 볼 수 있는 맨 바깥은 전부 죽은 세포들이에요. 우리가 활동을 하는 동안 이 죽은 세포들은 매일 '비늘'이 되어 피부에서 떨어져 나가요.

몸 식히기

너무 더우면 피부는 땀이 흘러나오도록 해서
몸을 식혀요. 땀은 99.5퍼센트가 물이에요.
땀은 액체에서 기체로 바뀌면서 증발할 때,
피부에서 열을 빼앗아요.

땀은 **땀샘**이라는 피부의 작은 기관에서 만들어져요.
그런 뒤 작은 관을 지나서 작은 구멍(**땀구멍**)을
통해서 피부로 나와요.

땀 자체는 냄새가 없어요.
땀 냄새는 피부에 사는 세균이
땀을 먹고서 화학물질을 분비할 때
생겨요(일종의 세균 방귀라고
할 수 있어요). 땀나는 발과 치즈의
냄새가 아주 비슷한 것도
그 때문이에요.

구멍이 가득

우리 피부에 구멍이 몇 개나 있는지 확실히 아는 사람은
아무도 없지만, 아주 많은 것은 분명해요. 털집은 200만
개쯤 될 것이고, 땀구멍은 그보다 2배쯤 될지 몰라요.

털집은 사실 많은 일을 해요. 털이 자랄 뿐 아니라
피부기름(**피지**)도 생산해요. 피부기름은 땀과 섞여서
피부를 부드럽고 매끄럽게 유지해요. 방수 기능도 하고요.
털집은 때로 죽은 피부 조각으로 덮이고 피부기름이
말라붙으면서 막히기도 해요. 그러면 **블랙헤드**가 되지요.
막힌 털집은 세균에 감염되어서 빨갛게 부어오르기도
해요. **뾰루지**가 되는 거지요.

비타민 공장

이것만으로도 모자라다는 듯이, 피부는 비타민 D도
만들어요. 비타민 D는 우리에게 정말로 중요해요.
뼈와 이를 튼튼하게 하고 면역력을 높여요.
피부는 자외선(**UVB**)이 충분한 햇빛에 노출되면 자동으로
비타민 D를 만들기 시작해요.

수수께끼의 살인 사건

1902년 10월 프랑스 파리의 한 부유한 동네에 있는 아파트로 경찰이 출동했어요. 한 남자가 살해되고 예술품 몇 점이 도난당했지요. 살인자는 뚜렷한 단서를 전혀 남기지 않았어요. 다행히도 경찰은 범죄자를 찾아내는 능력이 뛰어난 사람을 부를 수 있었어요. 그 사람은 바로 알퐁스 베르티용이었지요.

베르티용은 사건을 조사하러 범죄 현장으로 왔어요. 그는 창틀에서 지문을 하나 찾아냈어요. 그리고 그 지문이 전에 앙리 레옹 셰퍼라는 범죄자에게서 채취한 것과 같다는 사실을 알아냈어요. 그렇게 해서 살인자를 잡을 수 있었지요. 이렇게 지문 분석이라는 기법이 탄생했고, 그 기법은 전 세계에 커다란 충격을 안겨주었지요.

그러나 사람마다 지문이 다르다는 사실, 즉 모든 사람의 지문은 저마다 독특하다는 사실을 처음으로 알아차린 사람은 사실 베르티용이 아니었어요. 얀 푸르키네라는 체코 과학자가 이미 수십 년 전에 발견했지요. 그리고 사실 1,000여 년 전에 중국에서도 똑같은 발견이 이루어졌고요. 또 지문을 이용해서 살인자를 잡은 사람도 베르티용이 처음은 아니었어요. 그보다 10년 전에 아르헨티나에서도 같은 일이 있었거든요. 그러나 그 영예는 대체로 베르티용에게 돌아갔어요!

미해결 문제

어쨌든 지문이 꽤 특별하다는 사실은 오래 전부터
알려져 있었죠. 그런데 지문을 생각할 때 떠오르는
의문 중에서 답을 모르는 것들이 많이 있었어요.

**우리 손가락에 소용돌이 무늬가
진화한 이유가 무엇일까요?**

사실 아무도 몰라요.
하지만 몇 가지 아이디어가 나와 있어요.

- 지문은 물건을 잡는 데 도움을 줘요(하지만
  실제로 증명한 사람은 아무도 없어요).
- 손가락에 묻은 물이 더 쉽게 흘러나가도록 도와요
  (완전히 추측이에요).
- 손가락이 더 신축성이 있도록 해요(이것도 순전히
  추측이에요).

그리고 왜 목욕을 오래하면 지문이 쭈글쭈글해질까요?

마찬가지로 사실 아무도 몰라요.

지문이 사람마다 다르기는 하지만(아니 적어도 그렇게
보이지만), 사실 우리 몸에는 그런 부위들이 더 있어요. 어떤
보안 시스템은 열쇠 대신에 사람 홍채(눈에서 색깔을 띠는
부위)의 무늬와 색깔을 이용해서 문을 열어요. '귀 지문', 즉
바깥귀의 삼차원 모양을 이용하는 시스템도 있어요.
이 모양도 사람마다 다르다고 여겨지거든요. 지문이 범죄자를
잡는 방법으로서 더 잘 알려진 것은 범죄자가 범죄 현장에
지문을 남겨둘 가능성이 더 높다는 단순한 사실 때문이에요.
하지만 경찰은 때로 귀 지문도 활용한답니다.

촉감

우리 피부는 좀 이상하면서 아마도 (지문을 만드는 것 같은) 불필요한 일도
할지 모르지만, 그러려니 하고 넘어가도 돼요. 피부는 놀라울 만치 다양한 일을
하니까요. 피부는 장벽, 냉각 장치, 비타민 공장이기도 할 뿐 아니라, 아주 많은 촉각
수용기도 가지고 있어요.

촉각 수용기는 접촉에 반응해요. 몸에는 다른
종류의 수용기도 많아요. 이 세포들은 모두 뭔가를
감지하는 특수한 일을 해요. 예를 들면, 코의
후각 수용기는 냄새를 풍기는 화학물질을 검출해요.
눈의 수용기는 빛을 감지하고요.
피부의 손상 수용기는 피부가 베일 때 반응해요.
이 모든 수용기는 신경을 통해서 뇌로 신호를
보내요. 뇌는 이 신호들로 우리 주변에서
어떤 일이 일어나는지를 알아낼 수 있어요.
그리고 어떻게 대응할지도요.

루피니 소체는 피부가 살짝
늘어날 때 반응해요.
손으로 무엇인가를 쥘
때처럼요.

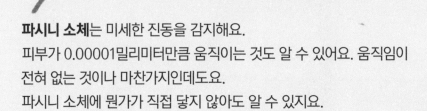

파시니 소체는 미세한 진동을 감지해요.
피부가 0.00001밀리미터만큼 움직이는 것도 알 수 있어요. 움직임이
전혀 없는 것이나 마찬가지인데도요.
파시니 소체에 뭔가가 직접 닿지 않아도 알 수 있지요.

메르켈 세포(메르켈 원반)는 털이 있는
피부와 털이 없는 피부에 다 있고,
가벼운 접촉에 반응해요.

털이 난 피부에는 다른 유형의 촉감 수용기도
있어요. 바로 털 자체예요! 산들바람이나 피부
위를 기어가는 거미 때문에 털이 구부러질
때, 털 밑동을 감싸고 있는 신경 종말은
흥분해서 곧바로 뇌에 무엇인가가 자신을
흔들고 있다고 알려요.

우리 손가락 끝(그리고 다른 털 없는 부위들)에는
마이스너 소체가 잔뜩 들어 있어요. 눈을 감고
플라스틱이나 시멘트나 비단을 손가락으로 아주 가볍게
훑으면, 무엇을 만졌는지 이 수용기가 알려줄 거예요.

몸의 미생물

몸이 죽은 피부 비늘로 덮여 있다고 한 말 기억하나요? 그런데 이 죽은 세포층에는
세균이 우글거려요.

우리 피부 1제곱센티미터에는 세균 약 10만 마리가 살아요. 모두 같은 세균은 아니에요.
과학자들은 대다수 사람들의 피부에 약 200종의 세균이 산다고 추정해요.
하지만 어떤 200종인지는 사람마다 다를 가능성이 매우 높아요.

우리가 저마다 좋아하는 장소가 있듯이, 세균도 그래요. 여러분의 축축하고 따뜻하고 주름진 배꼽은 세균에게는
놀이공원과 같아요. 그래서 과학자들은 이런 아주 멋진 이름을 붙인 연구를 하고 있지요.

배꼽 생물다양성 계획

미국인 60명을 무작위로 골라서 배꼽의 세균을
조사했어요. 어떤 결과가 나왔을까요?

- 연구진은 세균 2,368종을 발견했어요.
  그중 1,458종은 새로 발견된 것들이에요.
- 한 사람의 배꼽에 있는 세균은 29종에서 107
  종까지 다양했어요. 한 사람에게서는 일본
  바깥에서는 발견된 적이 없는 미생물도 나왔어요.
  일본에 간 적도 없었는데 말이에요.

이렇게 알고 나니, 다음에 몸을 씻을 때 배꼽을 잘
씻는 편이 좋겠다는 생각이 들지 않나요? 하지만 너무
성급하게 판단하지 말아요. 목욕이나 샤워를 한 뒤에
몸에 있는 세균의 수가 사실상 더 늘어난다는 연구가
있거든요. 몸 구석구석에 있던 것들이 사라져서 빈
자리가 늘어났으니까요.

그래도 손 씻기는 도움이 돼요. 적어도 1분 동안
비누와 물로 꼼꼼하게 씻으면요. 손에 있을지 모를
해로운 세균이 없어져요. 안 씻었다면 입에 들어갈지도
몰라요. 사과를 먹을 때 그럴 수 있죠. 코를 후빌
때도요(물론 여러분은 코를 후빌 생각을 전혀 한
적이 없다고 믿어요).

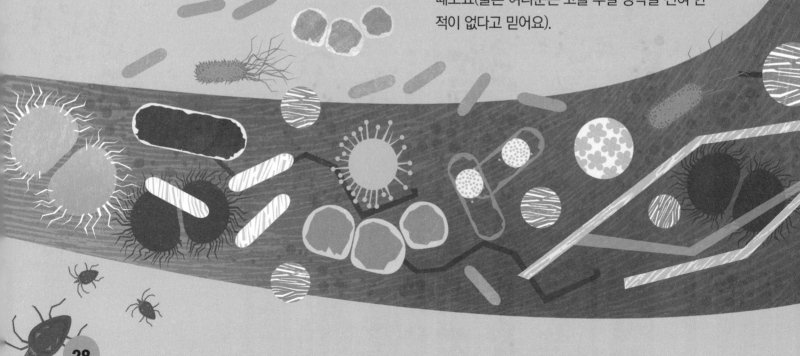

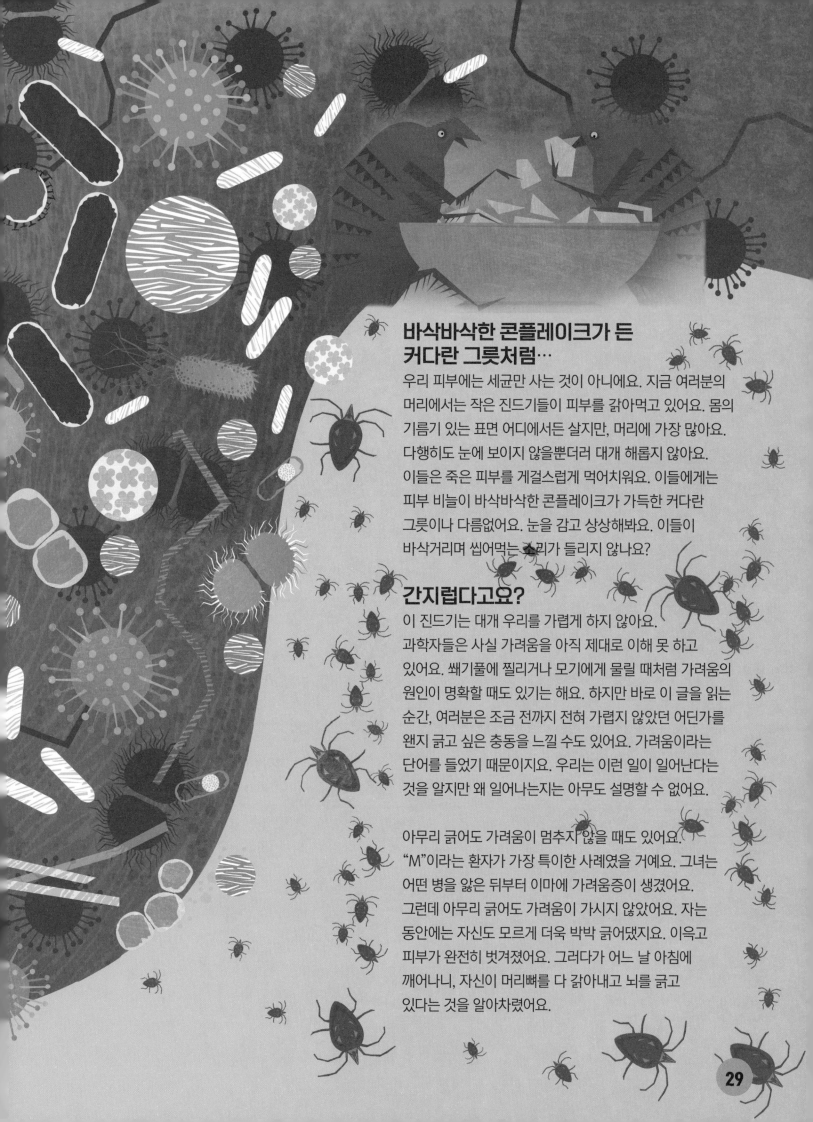

바삭바삭한 콘플레이크가 든 커다란 그릇처럼…

우리 피부에는 세균만 사는 것이 아니에요. 지금 여러분의 머리에서는 작은 진드기들이 피부를 갉아먹고 있어요. 몸의 기름기 있는 표면 어디에서든 살지만, 머리에 가장 많아요. 다행히도 눈에 보이지 않을뿐더러 대개 해롭지 않아요. 이들은 죽은 피부를 게걸스럽게 먹어치워요. 이들에게는 피부 비늘이 바삭바삭한 콘플레이크가 가득한 커다란 그릇이나 다름없어요. 눈을 감고 상상해봐요. 이들이 바삭거리며 씹어먹는 소리가 들리지 않나요?

간지럽다고요?

이 진드기는 대개 우리를 가렵게 하지 않아요. 과학자들은 사실 가려움을 아직 제대로 이해 못 하고 있어요. 쐐기풀에 찔리거나 모기에게 물릴 때처럼 가려움의 원인이 명확할 때도 있기는 해요. 하지만 바로 이 글을 읽는 순간, 여러분은 조금 전까지 전혀 가렵지 않았던 어딘가를 왠지 긁고 싶은 충동을 느낄 수도 있어요. 가려움이라는 단어를 들었기 때문이지요. 우리는 이런 일이 일어난다는 것을 알지만 왜 일어나는지는 아무도 설명할 수 없어요.

아무리 긁어도 가려움이 멈추지 않을 때도 있어요. "M"이라는 환자가 가장 특이한 사례였을 거예요. 그녀는 어떤 병을 앓은 뒤부터 이마에 가려움증이 생겼어요. 그런데 아무리 긁어도 가려움이 가시지 않았어요. 자는 동안에는 자신도 모르게 더욱 박박 긁어댔지요. 이윽고 피부가 완전히 벗겨졌어요. 그러다가 어느 날 아침에 깨어나니, 자신이 머리뼈를 다 갉아내고 뇌를 긁고 있다는 것을 알아차렸어요.

우리 안의 생명

피부에 세균이 산다고 생각하니 좀 꺼림칙하다고요? 그러면 **몸속**에도 살고 있다는 말을 해야겠네요. 몇조 마리에 다시 몇조 마리를 곱한 만큼 살고 있어요. 다 더하면 여러분의 뇌와 무게가 비슷해요. 겁내지 말아요. 오히려 우리는 그중에 많은 세균들 덕분에 살 수 있는 거예요.

세균이 어떻게 우리를 돕는지 두 가지만 예를 들어볼게요.

- 생선과 채소로 이루어진 식단은 몸에 아주 좋지요. 그러나 우리 창자에 사는 세균들이 그 음식물을 먹고 비타민 B와 비타민 K 같은 물질들을 만들지 않는다면, 건강한 식단이 아닐 거예요.
- 질척질척한 운동장에서 경기를 하는 것은 재미있지요. 그러나 우리 몸속에 사는 "이로운" 세균들이 진흙에 든 해로운 세균을 막아주기 때문에 안심하고 놀 수 있는 거예요.

지구에는 **미생물**이 가득해요. 아주 작아서 현미경으로만 보이는 생물들이에요. 바이러스와 균류(뒤에서 알아볼 거예요)도 포함되지요.

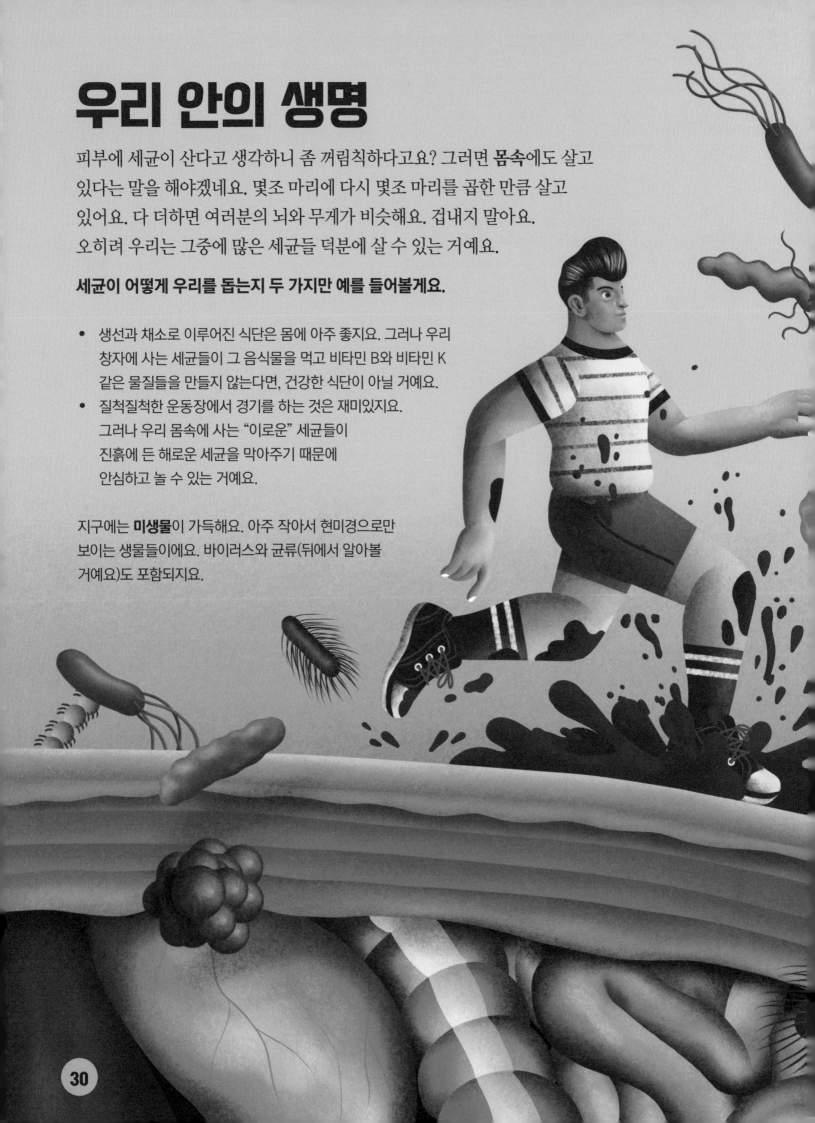

30

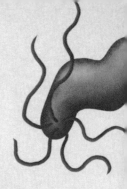

지구의 미생물을 한쪽에 다 쌓아놓고, 다른 쪽에 동물을 다 쌓아놓는다면, 미생물 더미가 동물 더미보다 25배 더 클 거예요. 우리는 우리 몸속에 사는 미생물이 얼마나 되는지 아직 잘 몰라요. 하지만 여러분의 몸속에서 약 4만 종이 살고 있다는 말은 할 수 있어요.

- 콧구멍 : 900종
- 입 : 800종
- 잇몸 : 1,300종
- 위창자관(목구멍에서 항문까지 이어지는 통로) : 36,000종

"이로운" 세균(음식물 소화를 돕는 세균 등)은 우리가 신선한 과일과 채소를 많이 먹으면 좋아해요. 달고 기름진 것을 많이 먹으면, 속을 불편하게 만들 수 있는 "나쁜" 세균이 번성할 가능성이 더 높아요.

창자에서 일어날 감염을 막는 데 쓰이는 항생제는 많은 이로운 세균까지 죽이기도 해요. 그러면 균형이 깨지고 나쁜 세균이 더 많아지면서 아랫배가 아프고 설사를 하기도 해요. 이런 문제들을 해결하려고 애쓰는 의사들도 있어요.

- 건강한 사람에게서 이로운 세균이 많이 든 대변을 채집해요. (대변을 기증하겠다고 한 사람에게서요!)
- 작고 잘 구부러지는 관을 써서 이 대변을 환자의 곧은창자를 통해 큰창자로 집어넣어요. 이로운 세균은 새 집에 자리를 잡을 거예요……그리고 균형이 회복되지요. (해부실에서처럼, 예민한 사람은 여기서도 속이 좀 울렁거릴 수도 있어요!)

아기가 첫돌이 지날 때쯤이면 몸속의 미생물이 약 100조 마리로 불어나요.

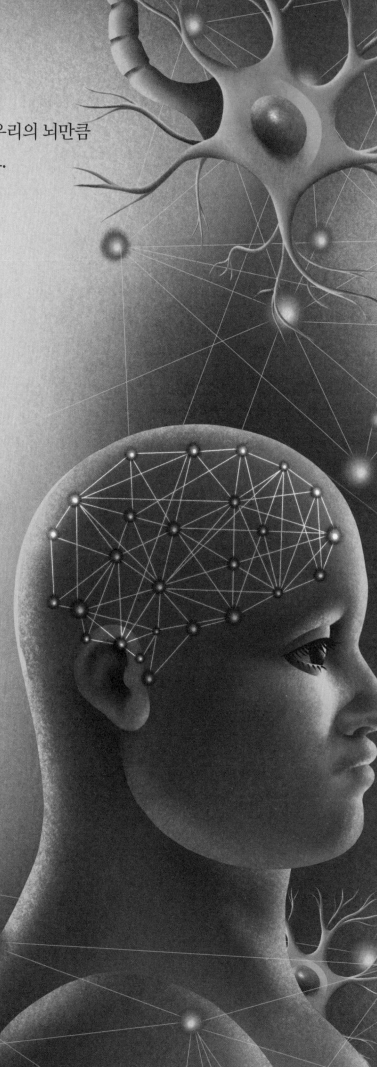

뇌

바깥 우주를 샅샅이 뒤지며 돌아다녀도 아마 우리의 뇌만큼
경이로우면서 복잡한 것은 찾기 어려울 거예요.

뇌는 이토록 놀라운 구조물이지만,
너무나 볼품이 없어 보여요.

- 뇌는 무게가 약 1.5킬로그램이고 젤리처럼
  물컹거려요.
- 뇌는 75-80퍼센트가 물이고, 나머지는 대부분
  지방과 단백질이에요.
- 뇌는 아무 일도 하지 않는 것처럼 보여요.
  고동치지도 빛나지도 물결치지도 꿀렁거리지도
  않아요. 그냥 가만히 있는 것 같아요.

그렇지만…

우리 뇌는 놀라운 세계 전체를 창안해요. 우리가
감지하고 느끼고 아는 모든 것을요. 우리가 아무 일도
하지 않은 채 그냥 가만히 앉아만 있을 때에도, 30초
사이에 허블 우주 망원경이 30년 동안 처리하는 것보다
더 많은 정보를 훑어요!

모래알만 한 뇌 조각 안에 2,000테라바이트가 넘는
정보가 들어 있기도 해요. 예고편과 만든 사람들
이름이 나오는 영상까지 포함해서 지금까지 만들어진
모든 영화를 집어넣은 것과 비슷해요.

사람의 뇌는 약 200엑사바이트의 정보를 담을
수 있어요. 현재 세상에 있는 디지털 데이터를
전부 더한 것과 비슷한 수준이에요. 그러니
뇌가 우주에서 가장 경이로운 구조라고
말해도 틀림없을 거예요.

뇌는 놀라울 만치 효율적이기도 해요. 뇌는 에너지를 하루에 약 400칼로리밖에 쓰지 않아요. 블루베리 머핀 1개의 열량과 비슷해요. 머핀 1개로 게임기를 24시간 작동시킨다고 해봐요. 뇌가 얼마나 효율적인지 짐작할 수 있지요. 다른 신체 부위들과 달리 뇌는 400칼로리를 일정한 속도로 꾸준히 태워요. 어려운 수학 문제를 풀든 TV를 보든, 다른 무슨 일을 하든 상관없어요.

이렇게 놀라운 능력을 갖추고 있음에도, 우리 뇌에서 사람만이 지녔다고 할 만한 것은 전혀 없어요. 우리 뇌도 개의 뇌나 햄스터의 뇌와 똑같은 구성 요소로 이루어져 있거든요.

그러면 우리 뇌의 구성 요소들을 살펴볼까요?

- **뉴런**(신경세포). 다른 세포들은 대개 둥글고 작은 반면, 이 독특한 뇌세포는 가늘고 길어요. 가지와 뿌리가 달린 나무라고 생각해도 좋아요.

뉴런이 뇌에만 있는 것은 아니에요. 뉴런은 신경계 전체의 기본 구성 단위예요. 뇌는 신경계를 통해서 다른 신체 부위들에도 이런저런 일을 하라고 지시를 하고 그 부위들이 보내는 신호를 받아요. "손, 과자를 입으로 가져가!"라는 지시는 뇌 바깥에 뉴런이 없으면 전달되지 않을 거예요. 또 몸에서 오는 신호가 없다면, 뇌는 그 과자가 입으로 들어갔는지 바닥에 떨어졌는지 모를 거예요.

나뭇가지는 **가지돌기**예요. 가지돌기는 다른 뉴런이 보내는 신호를 받아요.

줄기는 **축삭**이에요.

뿌리는 **축삭 말단**이라고 해요. 다른 뉴런으로 신호를 보내요.

- 뉴런과 뉴런 사이의 연결(**시냅스**)은 뇌의 **회백질**을 이루어요. (사실은 약간 분홍색을 띠지만, 오래 전부터 "회색"이라고 했기 때문에 이제는 분홍질이라고 이름을 바꾸기가 어려워요.)

백질에는 뇌의 영역들을 서로 연결하는 섬유들이 들어 있어요. 이 섬유를 통해서 영역끼리 의사소통을 해요.

뇌 부위들

뇌는 올록볼록한 두부 덩어리처럼 보일 수도 있어요. 하지만 우리에게는 다행히도, 두부보다는 더 복잡해요.

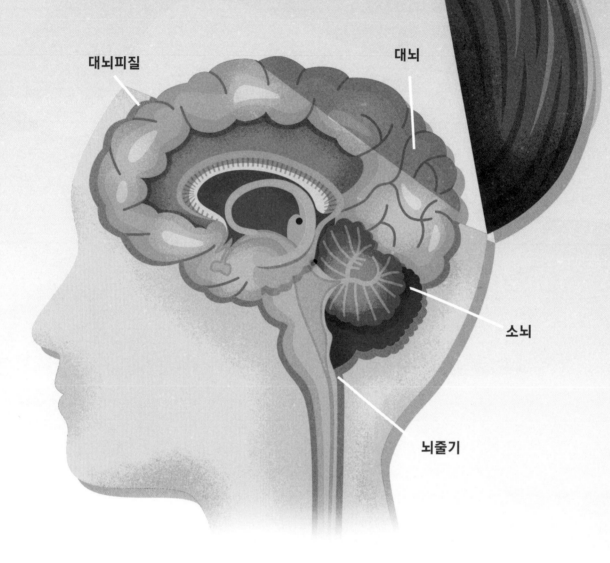

대뇌피질

대뇌

소뇌

뇌줄기

대뇌는 "뇌"를 말할 때 우리가 으레 떠올리는 넓은 부위예요. 대뇌는 좌반구와 우반구 둘로 나뉘어요. 양쪽 반구는 몸과 반대로 연결되어 있어요. 좌반구는 몸의 오른쪽, 우반구는 몸의 왼쪽을 맡아요.

대뇌의 바깥쪽 두께 4밀리미터의 층은 **대뇌피질**이라고 해요. 우리가 "고등한 처리 과정"이라고 하는 더 어려운 일들을 도맡아 하는 부위예요. 생각하기, 보기, 공부하기, 숙제를 안 했을 때 새로운 변명 떠올리기 같은 일들을 하죠.

소뇌는 몸의 균형과 복잡한 움직임을 맡아요. 옆돌기를 하거나 골대에 멋지게 공을 차넣거나 쓰레기통에 쓰레기를 탁 던져넣는 데 성공했다고요? 그러면 소뇌에게 고마워해야 해요.

뇌줄기는 뇌에서 가장 오래된 부위예요. 말 그대로 뇌줄기가 없으면 우리는 살 수 없어요. 숨 쉬기, 씹기, 심장 박동, 기침, 삼키기, 토하기 등을 맡고 있어요.

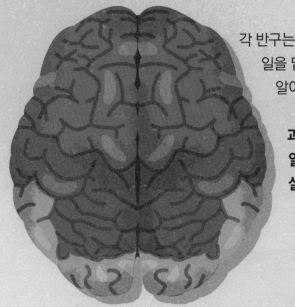

각 반구는 4개의 **엽**으로 나뉘어요. 엽에는 저마다 특정한 일을 맡은 더 작은 뉴런 집단들이 들어 있어요. 얼굴을 알아보는 일만 하는 집단도 있어요.

과학자들은 뇌의 각 영역이 어떤 일을 하는지 어떻게 알까요? 뇌가 손상될 때 어떤 일이 일어나는지를 살펴봄으로써 알아내기도 해요.

우리가 뇌의 10퍼센트만 쓴다는 말은 잘못된 속설이에요!

뚱하고 무례해

1848년 미국의 철도 공사장에서 일하던 젊은 인부 피니어스 게이지는 바위를 깨려고 다이너마이트를 끼워넣고 있었어요. 그런데 갑자기 폭발이 일어났어요. 그 폭발로 길이 60센티미터의 쇠막대가 그의 왼쪽 뺨에 박히면서 머리 꼭대기로 뚫고 나왔어요. 쇠막대는 지름이 몇 센티미터에 달하는 완벽한 원통 모양으로 이마엽의 일부를 없애버렸죠. 게이지는 기적처럼 살아남았어요. 하지만 성격이 완전히 변했어요. 원래 낙천적이고 인기 있던 사람이었는데, 이제는 뚱하고 무례하게 굴곤 했지요. 게이지의 불행한 사례는 이마엽이 성격과 관련이 있다는 증거를 처음으로 제시했어요.

뇌의 한 부위나 부위들 사이의 연결이 손상되거나 제대로 작동하지 않는다면, 좀 이상하게 들리는 문제도 생길 수 있어요.

다음 중 어느 것이 진짜 장애일까요?

- 안톤-바빈스키 증후군 : 눈이 멀었음에도 믿으려고 하지 않는 장애예요.
- 리독 증후군 : 움직이는 것만을 볼 수 있는 장애예요.
- 카그라 증후군 : 사기꾼이 가족이나 친구인 척한다고 믿는 장애예요.
- 코타르 증후군(또는 망상) : 자신이 죽었다고 믿으며, 어떻게 해도 그 믿음을 깨뜨릴 수 없는 장애예요.

정답 : 모두 다.

뇌의 발달과 가소성

여러분의 뇌는 나의 뇌와 똑같지 않아요.

그런데 여러분의 다리도 팔도 마찬가지지요. 여러분의 온몸이 자라고 발달하면서 어른의 모습을 갖추듯이, 여러분의 뇌도 마찬가지로 자라고 발달해요.

뇌는 처음에는 느리게 성장하지 않아요. 태어나고 두 돌이 되기 전까지 뇌에서는 1초마다 뉴런 사이에 약 100만 개씩 새로운 연결이 이루어져요. 뇌의 연결 과정은 20대 초중반이 되어서야 끝나요.

10대 때 뇌에는 엄청난 변화가 일어나요. 백질이 더 발달해요. 과학자들은 이것이 뇌가 온갖 명석한 일을 점점 더 빠르게 한다는 의미라고 생각해요. 반면에 회백질의 양은 줄어들어요. 사실 나쁜 일은 아니에요. 웃자란 산울타리처럼, 자라는 뇌도 경이로운 최종 형태가 되려면 가지치기를 해야 하거든요.

다양한 요인들이 뇌가 어떻게 발달하고, 가지치기가 어떻게 일어날지에 영향을 미쳐요. 유전자도 기여하고, 우리가 먹는 음식물도 그래요. 과학자들은 집과 학교 생활, 친구들과의 놀이도 중요한 역할을 한다고 생각해요.

최근에야 과학자들은 뇌가 얼마나 가소성이 큰지를 알아냈어요.
가소성은 뇌가 적응할 수 있다는 뜻이에요. 뉴런의 회로 연결이 달라질
수도 있고, 한 뇌 영역이 맡던 일을 다른 영역이 떠맡을 수도 있다는
뜻이에요. 그런 일은 어른의 뇌에서도 일어날 수 있지만, 아이의 뇌에서
훨씬 더 자주 일어난답니다.

- 의료진은 완벽하게 정상인 듯한 한 중년 남성의 뇌 영상을 찍었다가
  깜짝 놀랐어요. 커다란 물혹(액체가 차 있는 주머니)이 머리뼈
  속의 3분의 2를 차지하고 있었어요. 아주 어릴 때부터 있던 것이
  분명했어요. 그래서 뇌의 3분의 1이 원래 다른 뇌 영역들이 맡아야
  할 일을 다 맡은 거예요. 그런데 그가 너무나 정상이었기 때문에,
  영상을 찍기 전까지 어느 누구도 그의 뇌에 그렇게 커다란 물혹이
  있으리라고는 상상도 하지 못했어요.

- 태어날 때부터 우반구만 제대로 활동하는 뇌를 가진 한 청소년은
  독서 능력이 또래들보다 더 나았어요. 원래 언어를 담당하는 영역이
  좌반구인데도요. 놀랍게도 좌반구가 제 역할을 못하자, 우반구가
  언어까지 떠맡은 거예요.

- 한 여성은 스물네 살이 되었을 때 진찰을 받고서야 자신에게
  소뇌가 아예 없다는 사실을 알게 되었어요. 그녀는 일곱 살이
  되어서야 걷기 시작했고, 그 뒤로도 걸음이 불안정했어요. 원래
  걷고 균형을 잡는 일을 하는 소뇌가 없어도 걸을 수 있다는 사실에
  의사들은 깜짝 놀랐어요.

37

자기 뇌를 믿지 마

우리의 뇌는 우주에서 가장 경이로운 것 중 하나이지만, 우리를
속이기도 해요. 때때로요.

사실, 지금 이 순간에도 속이고 있어요.

한 가지 덧붙일 말이 있어요. 뇌가 우리를 위해서 속인다는 거예요.
우리가 보고 듣고 맛보는 것들을 뇌가 알아서 왜곡시키지
않는다면, 사실 세상은 아주 혼란스러울 거예요. 선생님이
교실 앞에서 말을 할 때 어떤 일이 일어날지 예를
들어볼게요(물론 여러분이 졸기 전에요).

- 여러분의 눈이 선생님의 입이 움직이는
  모습을 본 뒤에야, 귀가 선생님의 목소리를
  듣게 되는데요. 빛이 소리보다 훨씬 더
  빨리 움직이니까요. 그런데 우리는 입술과
  소리가 일치하는 것처럼 느껴요. 뇌가
  우리를 속이기 때문이지요.

- 눈 깜박임은 어떨까요? 우리는 눈을
  자주 깜박여요. 사실 깨어 있는 시간의
  약 10퍼센트는 눈을 감고 있는 셈이에요.
  그러나 우리는 눈앞이 이렇게 자주
  가려진다는 사실을 알아차리지 못해요.
  뇌가 눈앞이 가려지는 일이 일어나지 않는
  양 우리를 속이니까요.

많은 착각은 이렇게 우리 뇌가 진실을 왜곡하기 때문에 생겨요.
시각에 착시가 일어날 뿐 아니라, 다른 감각들에서도
착각이 일어나고는 한답니다.

- **바둑판 그림자 착시**는 유명해요. 회색 사각형 색깔과 하얀 사각형 위에 드리운 그림자 색깔은 실제로는 같아요. 하지만 뇌는 회색 사각형의 색깔이 더 짙다고 우겨요. 빛/어둠 무늬에서는 그럴 것이라고 예상하니까요. 즉 뇌는 자신이 예상한 것에 맞추어서 눈앞에 보이는 장면을 만들어내기도 해요……그래서 착시가 생기지요.

- **카니자 삼각형**도 잘 알려진 착시 사례예요. 그림에 실제로 삼각형이 그려져 있지 않지만, 다른 도형들을 토대로 뇌는 여기에 삼각형이 있어야 한다고 판단해요. 그래서 우리 눈에 삼각형이 보이죠.

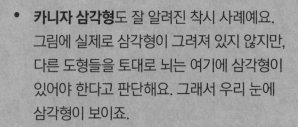

- 빨간색 음료는 검은색 음료보다 더 단맛이 나요. 왜 그럴까요? 딸기와 산딸기 같은 빨간색 음식이 달다는 것을 뇌가 배웠기 때문이에요. 그래서 뇌는 빨간색 음료는 달 것이라고 예상하고, 그것이 맛에 영향을 미쳐요.

- 방에 있는 동전을 냉장고에 넣었다가 이마에 붙이면 원래 동전보다 2배 더 무겁게 느껴져요. 왜 그럴까요? 사실 뇌의 잘못이 아니에요. 촉감과 온도의 신경 신호가 동시에 오기 때문에 뇌가 혼란을 느껴서 그래요. 이 **테일러 착각**은 1930년대에 알려졌는데, 지금도 정말 신기해요.

얼굴

거울 앞에 서봐요……얼굴은 기이해요. 여러분의 얼굴만이 아니에요. 모든 사람의 얼굴은 아주 기이해요.

얼굴에 있는 것이 충분히 이해가 가는 부위들도 있어요.

* 눈? 맞아요.
* 입? 그럼요.

하지만 조금은 수수께끼 같은 부위들도 있어요.

- 눈썹. 눈썹은 왜 있는 걸까요? 눈썹은 눈에 땀이
  들어가지 않게 막아요. 또 서로 의사소통을
  하는 데에도 쓰여요. 눈썹이 없으면 찌푸린
  표정을 짓기가 힘들어요.

얼굴은 사람마다 다르고 대개
옷으로 감싸지 않으므로, 우리는
얼굴을 통해 사람을 알아보곤 해요.
얼굴인식불능증인 사람은 얼굴을
잘 못 알아봐요. 심한 사람은
거울에 비친 자기 얼굴까지
못 알아보기도 해요.

- 속눈썹. 눈에 먼지나 액체가 들어오지 못하게 돕는다는 증거가 있어요.
  그리고 멋져 보이기도 하고요.

- 코. 우리가 냄새를 맡을 수 있어야 한다는 건 분명하고, 코가 그 일을
  하지요. 그런데 다른 포유동물은 코가 다르게 생겼어요. 모두 주둥이에
  있지요. 우리 코는 삐죽 튀어나온 피라미드 모양인데, 왜 그럴까요?
  숨을 쉬기에 좋고 장기적으로 시원하게 유지하는 데 도움을 주기
  때문이라고 보는 이론도 있어요.

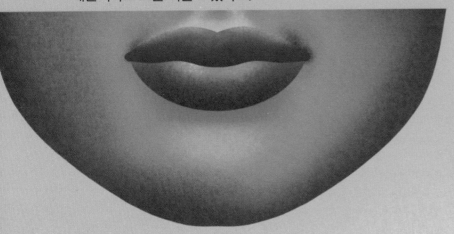

- 가장 수수께끼의 부위는 턱이에요. 턱은 사람에게만
  있는데, 왜 있는지는 아무도 몰라요.

우리 얼굴이 하는 가장 중요한 일 중
하나는 보는 눈, 냄새 맡는 코, 맛보는 혀를
지니는 거예요. 그러면 눈과 시각이라는
별난 세계부터 살펴볼까요?

시각

사람의 눈알을 손바닥에 올려놓는다면, 그 크기에 놀랄 거예요. 눈알이 눈구멍에 박혀 있을 때에는 앞쪽 6분의 1만 보이니까요. 나머지는 눈알을 보호하는 뼈로 된 구멍 안에 들어 있어요. 또 눈알 속은 젤리 같은 물질로 채워져 있어요. 아주 멋진 젤리 주머니지요.

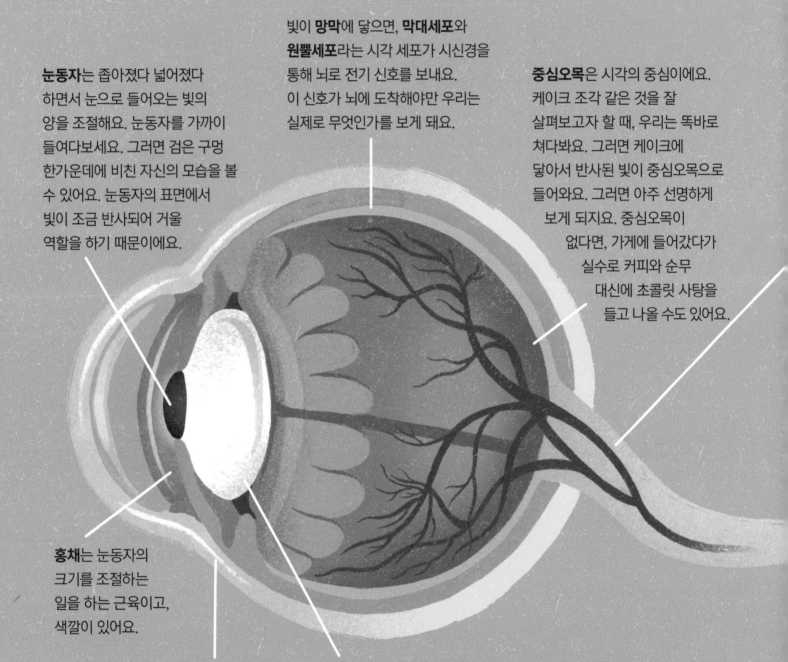

눈동자는 좁아졌다 넓어졌다 하면서 눈으로 들어오는 빛의 양을 조절해요. 눈동자를 가까이 들여다보세요. 그러면 검은 구멍 한가운데에 비친 자신의 모습을 볼 수 있어요. 눈동자의 표면에서 빛이 조금 반사되어 거울 역할을 하기 때문이에요.

빛이 **망막**에 닿으면, **막대세포**와 **원뿔세포**라는 시각 세포가 시신경을 통해 뇌로 전기 신호를 보내요. 이 신호가 뇌에 도착해야만 우리는 실제로 무엇인가를 보게 돼요.

중심오목은 시각의 중심이에요. 케이크 조각 같은 것을 잘 살펴보고자 할 때, 우리는 똑바로 쳐다봐요. 그러면 케이크에 닿아서 반사된 빛이 중심오목으로 들어와요. 그러면 아주 선명하게 보게 되지요. 중심오목이 없다면, 가게에 들어갔다가 실수로 커피와 순무 대신에 초콜릿 사탕을 들고 나올 수도 있어요.

홍채는 눈동자의 크기를 조절하는 일을 하는 근육이고, 색깔이 있어요.

각막은 눈을 보호해요. 또한 빛의 초점을 맞추는 일도 3분의 2를 맡아요. 각막 덕분에 초점을 더 선명하게 맞출 수 있어요.

초점을 맞추는 일을 오직 **수정체**만 한다고 생각했겠지요? 실제로는 3분의 1만 맡아요. 맞아요, 꼼꼼하게 계산했어요!

뇌가 우리를 줄곧 속인다고 한 말 기억하나요? 몇 가지 사례를 살펴볼까요?

 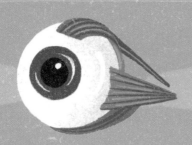  

- 망막에 맺히는 상은 뒤집혀 있어요. 뇌는 이 상을 다시 뒤집어요. 뇌가 쓰는 가장 유용한 속임수 중 하나지요!

- **시신경**은 어떻게 망막 밖으로 빠져나갈까요? 시신경은 굵기가 연필만 해요. 이 시신경이 빠져나가는 망막 부위에는 시각 세포가 전혀 없어요. 그래서 이 부위를 맹점이라고 해요. 아무것도 못 보니까요. 하지만 우리는 대개 알아차리지 못해요. 바로 뇌가 맹점 부위에 어떤 상이 맺힐 것이라고 추측해서 채우거든요. 뇌가 우리를 속이지 않는다면, 세상은 한 군데 큰 구멍이 나 있는 것처럼 보일 거예요.

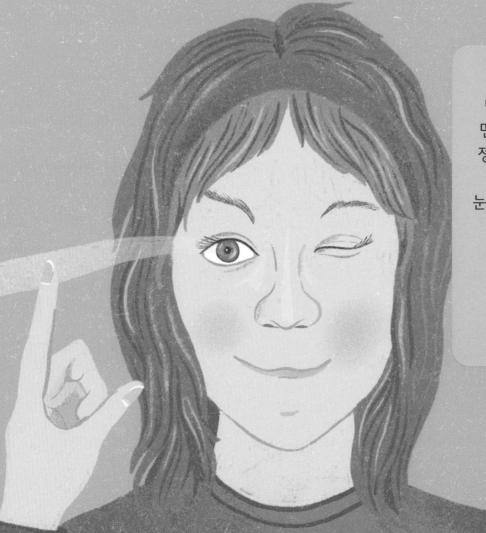

맹점이 어디 있는지 알고 싶다고요?
먼저 왼쪽 눈을 감고서 오른쪽 눈으로
정면을 봐요. 오른손을 앞으로 쭉 뻗은
다음, 손가락 하나를 들어올려요.
눈을 움직이지 않은 채 손가락을 천천히
시야 오른쪽으로 움직여요.
어느 위치에 이르면 마치 마술처럼
손가락이 사라질 거예요.
축하해요. 맹점을 찾은 거예요.

빛과 어둠

시각 세포는 두 종류예요.

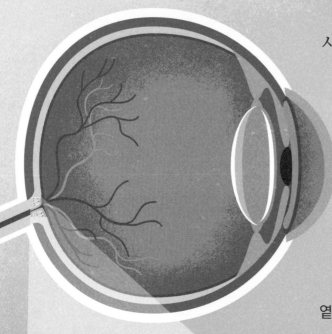

막대세포는 주위에 빛이 약할 때 가장 잘 작동해요. 하지만 색깔은 전혀 못 봐요. 우리 눈에 약 1억2,000만 개가 들어 있고, 대부분 망막 가장자리에 있어요.

원뿔세포는 색깔을 볼 수 있고, 약 700만 개가 있어요. 주로 중심오목에 빽빽하게 모여 있어요. 그리고 환한 빛에서 가장 잘 작동해요.

우리는 빛이 약할 때에는 막대세포로 봐요. 그래서 모든 것이 짙고 옅은 회색으로 보이죠.

색각

원뿔세포는 세 종류가 있어요. 파랑, 초록, 빨강이에요. 하지만 이름 그대로 그 색깔의 빛에만 반응하는 것은 아니에요. 원뿔세포마다 반응하는 빛의 파장 범위가 있어요. 우리는 세 종류를 조합해서 적어도 200만 가지 색깔을 볼 수 있어요.

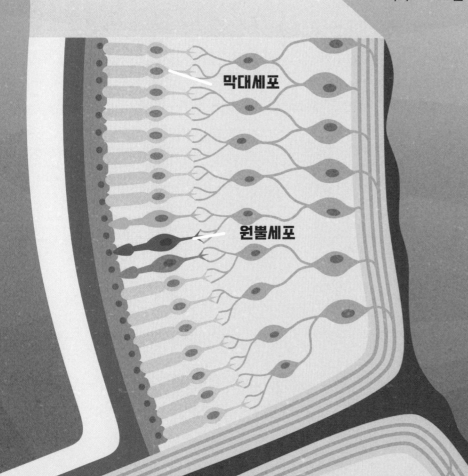

막대세포

원뿔세포

빛 파동은 움직이는 에너지의 물결이에요. 광자라는 작은 입자로 이루어져 있지요. 빛 파동은 길이가 다른 여러 파장들로 이루어져 있고, 파장의 길이에 따라 색깔이 달라요. "백색광"에는 우리가 볼 수 있는 모든 파장이 들어 있어요.

조류, 어류, 파충류는 색깔 수용기가 네 종류예요. 즉 금붕어는 우리가 볼 수 없는 색깔을 볼 수 있어요.

색맹인 사람은 원뿔세포 세 가지 중 하나가 없거나 제대로 작동하지 않아요.

남성은 12명 중 1명, 여성은 200명 중 1명이 적록색맹이에요. 이들은 빨강, 주황, 노랑, 갈색, 초록을 구별하기가 어려울 수 있어요.

청황색맹은 더 드물어요. 파랑, 초록, 노랑을 구별하기가 어려워요.

부유물

하늘을 올려다보면 구름, 지나가는 비행기, 날아가는 갈매기도 보이곤 해요……또 눈알 표면에서 무엇인가가 떠다니는 것도 보이지 않나요?

부유물은 사실 눈알에 있지 않아요. 눈을 파먹는 세균도 아니고, 걱정할 필요가 전혀 없어요. 눈알 안쪽 젤리에 든 작은 섬유 덩어리일 뿐이에요. 망막에 그림자를 드리우기 때문에 보이는 거예요.

부유물은 흔해요. 아주 드물게 망막이 찢어졌음을 알릴 수도 있어요. 그러나 대개는 걱정하지 않아도 돼요.

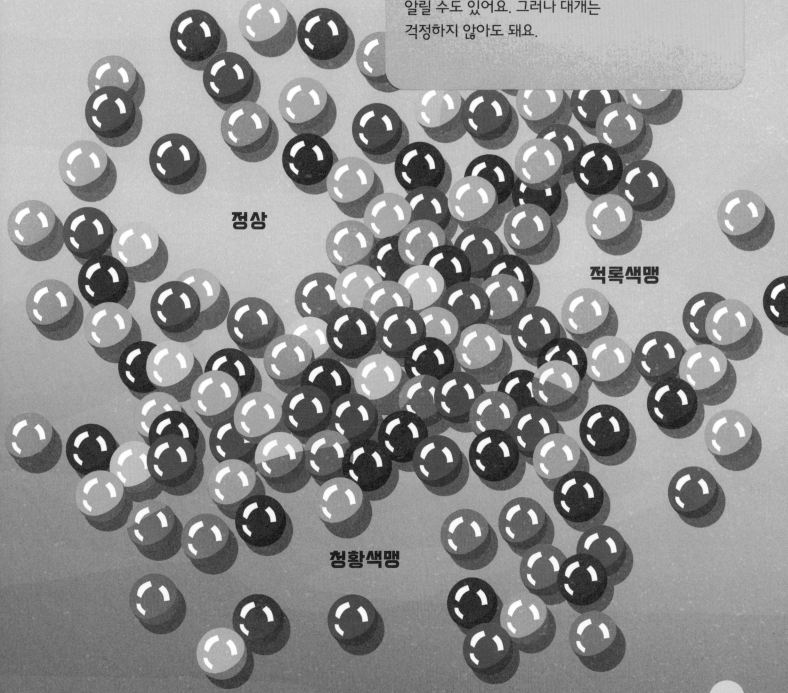

정상

적록색맹

청황색맹

생체 시계

이제 놀라운 이야기를 하나 들려줄 거예요. 많은 사람들이 모르는 사실이에요. 바로 우리 눈이 하는 일이 두 가지라는 거예요. 하나가 아니에요. 둘이에요.

1962년 7월 미셸 시프르라는 프랑스의 젊은 과학자가 알프스 산맥(유럽에서 가장 큰 산맥)의 한 동굴 속으로 130미터 깊이까지 들어갔어요. 햇빛이 전혀 들어올 수 없는 곳이었지요. 그는 손전등과 음식물을 가져갔어요. 동굴 속에서 9월 14일까지 홀로 지낼 계획이었어요. 매일 아침 일어나서 지상에 있는 연구진에게 전화를 하기만 하면 할 일이 끝나요. 그런 뒤 졸리면 다시 자는 거였죠.

미셸은 8월 20일이라고 생각한 날에 전화를 걸었을 때 놀라운 소식을 들었어요. 연구진은 그에게 동굴을 나올 때가 되었다고 말했어요. 실제로는 9월 14일이었던 거예요. 그는 자신이 생각했던 것보다 25일을 더 머물렀던 셈이에요.

대개 우리는 24시간 주기를 따라요. 매일 아침 거의 같은 시간에 깨고, 밤에 거의 같은 시간에 잠을 자요(여행할 때는 빼고요). 그런데 연구진은 미셸의 하루 주기가 24.5 시간으로 늘어났다는 것을 알았어요.

따라서 그는 매일 조금씩 더 늦게 잠이 들었고, 이윽고 밤에 깨고 낮에 자기에 이르렀지요.

그러다 보니 동굴에서 지낸 날짜를 한참 잘못 세게 된 거예요. 그리고 미셸은 이 결과가 몸이 자체 시계를 지닌다는 증거라고 주장했어요.

여기에 동의하지 않는 과학자들도 있어요. 몸에 어떻게 시계가 있을 수 있겠어? 하지만 생체 시계가 있다는 연구 결과가 계속 나왔어요. 사실 우리 몸에는 시계가 하나가 아니라 많이 들어 있어요. 췌장에도 있고, 심장, 근육, 콩팥에도 있어요. 이런 시계들은 나름의 시간표에 따라 움직여요. 그 기관이 가장 바쁘게 일해야 할 때와 가장 푹 쉴 때가 언제인지를 알지요.

우리 뇌에는 일종의 알람 시계가 있어요. 언제 일어나고 언제 잠잘지를 알려주지요. 또 눈에 들어오는 빛 신호를 이용해서 24시간 주기를 유지해요(더 길어지지 않도록 하지요). 막대세포에서 신호를 받냐고요? 아니에요. 그러면 원뿔세포? 아니에요.

답을 말하기 전에,
새로운 이야기를 들려줄게요.

1999년 과학자 러셀 포스터는 10년 동안 꼼꼼히 연구한 끝에 빛에 반응하는 세 번째 종류의 세포가 우리 눈에 있다는 것을 증명했어요. 막대세포와 원뿔세포 말고요.

광수용 망막 신경절 세포라는 긴 이름을 가진 이 수용기는 시각과 아무 관계가 없어요. 빛을 감지하기는 해요. 그러나 이 정보로 하는 일은 하나예요. 뇌의 알람 시계에 낮이 지나고 밤이 되었다거나, 밤이 지나고 낮이 되었다고 알려주는 거지요. 시프르가 날짜를 심하게 착각한 이유가 바로 그 때문이에요. 뇌가 이런 신호를 받지 못했거든요.

처음에는 포스터의 말을 아무도 믿지 않았어요. 과학자들은 수십 년 동안 눈을 연구했거든요. 그런데 그런 세포가 있는지 아무도 몰랐다니요! 믿을 수가 없었죠.

그러나 용감한 동굴 탐험가 미셸 시프르처럼, 러셀 포스터도 옳았어요.

청각

청각은 아주 경이로운 장치이지만, 제대로 인정받지 못하고 있어요.

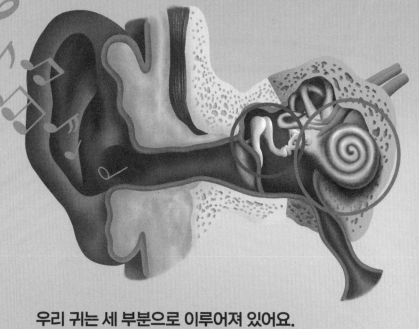

하드웨어

- 아주 작은 뼈 3개
- 근육과 인대 조금
- 섬세한 막 하나
- 약간의 신경세포

결과

유리창에 부딪치는 아주 작은 이슬비 소리부터 부모님의 시끄럽고 엉망진창인 노래까지 들을 수 있어요.

우리 귀는 세 부분으로 이루어져 있어요.

1. **바깥귀**. 밖에서 보이는 **귓바퀴**예요. 우리는 "귀"라고 말할 때 대개 이 나긋나긋한 부위를 가리켜요. 귓바퀴는 모양은 별나지만, 지나가는 소리를 놀라울 만치 잘 잡아요. 귓바퀴는 귓길을 통해서 가운뎃귀로 이어져요.

귀의 놀라운 사실 :
망치뼈, 모루뼈, 등자뼈는 원레 고대 조상의 턱뼈였어요. 진화하는 동안 서서히 귀로 옮겨갔지요. 게다가 그 오랜 기간 이 뼈들은 대체로 청각과 전혀 무관했어요.

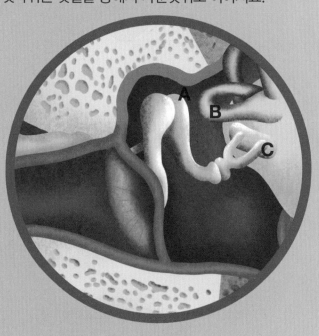

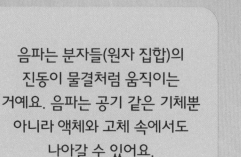

음파는 분자들(원자 집합)의 진동이 물결처럼 움직이는 거예요. 음파는 공기 같은 기체뿐 아니라 액체와 고체 속에서도 나아갈 수 있어요.

2. **가운뎃귀**. 먼저 경계선인 **고막**을 지나야 해요. 음파는 고막을 진동시켜요. 이 진동은 앞에서 말한 세 개의 작은 뼈를 통해서 안으로 전달되지요.

A. 망치뼈
B. 모루뼈
C. 등자뼈

(이 이름들을 듣자마자 대장간을 떠올릴 사람들도 있을 거예요.)

이 작은 뼈들은 진동을 속귀로 전달해요.

3. **속귀.** 특히 **달팽이관**으로요. 달팽이 껍데기 모양의
이 관 속에는 아주 작은 털이 2,700올이나 나 있어요.
바닷말들이 파도에 흔들거리듯이, 이 털들도 음파가 위로
지나갈 때 흔들리면서 그 신호를 뇌로 보내요.

뇌는 이 모든 신호를 종합해서 방금 어떤
소리가 들렸는지 파악해요.

**이 모든 청각 기구의 놀라운 점 중 하나는 모든
부위들이 아주 작다는 거예요. 달팽이관은
해바라기 씨만 해요. 세 뼈는 셔츠 단추에
올려놓을 만큼 작아요.**

우리 귀는 아주 예민해요. 그리고 조용한 세계에 맞게
만들어졌어요. 즉 귀가 진화할 때 세상은 지금처럼
시끄럽지 않았어요. 사람들이 귀에 늘 플라스틱 이어폰을
끼고서 음악을 듣는 날이 올 줄 누가 알았겠어요?
이어폰으로 듣는 일부 음악도 포함해서 커다란
소음은 귀의 털세포를 손상시키거나 심하면 죽일 수도
있어요. 이건 아주 나쁜 일이에요. 이 세포는 죽으면
다시 자라지 않거든요.

균형

속귀는 청각만 맡고 있지 않고, 다른
아주 유용한 일도 해요.

바로 몸의 균형을 유지하는 일이지요. "반고리관"과
작은 주머니 두 개로 이루어진 아주 창의적인 기구를
써서요. 이것들이 모여서 **안뜰계**를 이루어요.

우리가 머리를 움직이면, 안뜰계 안의 액체와 작은
결정들이 움직여요. 이 움직임은 반고리관과 주머니의
벽에 나 있는 털을 구부려요. 그러면 털세포는 그 신호를
뇌로 보내요. 뇌는 이 신호를 토대로 우리가 어느 쪽으로
얼마나 빨리 움직이는지 알아내서 균형을 계속 잡아요.

빙빙 돌다가 탁 멈추면 어지러운 이유가 뭘까요?
눈은 우리가 멈췄다고 뇌에 말하지만, 안뜰계의 액체는
아직 돌고 있다고 신호를 보내기 때문이에요.

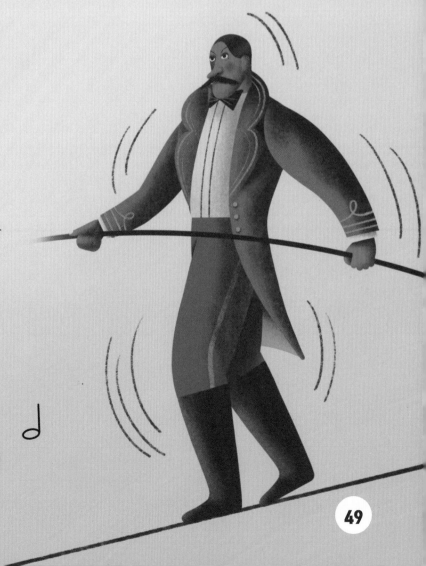

후각

감각 중 하나를 포기해야 한다면, 여러분은 어떤 것을 버리겠어요? 대다수는 후각을 택하겠다고 말해요. 심지어 30세 미만인 사람들 중 절반은 자신이 좋아하는 전자 기기보다 후각을 포기하겠다는 말까지 했어요.

먼저 말해두어야겠어요. 후각을 포기하는 것은 어리석은 행동이라고요.

후각은 온갖 방식으로 아주 중요해요. 음식의 **향미**를 생각해봐요. 그 향미는 주로 미각이 아니라 후각에서 나온답니다.

우리가 음식물을 씹을 때, 냄새 화학물질은 입속의 통로를 통해 코로 들어가요. 거기에서 냄새 **수용기**에 결합해요. 우리 코에는 약 400 종류의 냄새 수용기가 있어요. 뇌는 이 수용기에서 오는 신호를 읽어서 핫초콜릿의 향긋한 냄새에서 썩어가는 양배추의 역겨운 냄새에 이르기까지 온갖 냄새를 파악해요.

우리에게 후각이 필요한 또 한 가지 이유가 있어요. 무엇을 먹거나 마시고 싶은지, 어떤 상황에서도 입에 가져다대기 싫은지를 판단할 때 도움을 주지요.

또 후각은 타는 냄새 같은 위험들도 경고해줄 수 있어요. 우리는 대개 다른 동물들이 후각이 뛰어나다고 생각해요.

개는 냄새를 잘 맡는다고 잘 알려져 있어요.
그런데 최근에 우리 사람도 사실 1조 가지의
냄새를 맡을 가능성이 있다는 연구 결과가
나왔어요. 즉 생각했던 것보다 우리도 후각이
나쁘지 않다는 뜻이지요.

사실 미국에서 사람들에게 풀밭에서 기는 자세로
초콜릿 냄새를 킁킁 맡으면서 따라가도록 하는
실험이 이루어진 적이 있어요. 그들 중 3분의 2는
정말로 아주 잘 해냈지요.

그래도 못 믿겠다고요?
사실 확인을 해볼까요?

- 티셔츠 냄새로 가족이 입은 것을 골라보라고
  하면, 사람들은 대개 정확히 맞혀요.
- 아기와 엄마는 냄새만으로도
  서로를 아주 잘 찾아내요.
- 개와 사람이 냄새를 얼마나 잘 맡는지
  비교한 실험에서, 15가지 냄새 중 5가지를
  사람이 더 잘 맡았어요.

그래도 스마트폰이나 태블릿보다
후각을 포기하겠다고요? 엄청나게
후회할 거예요. 장담해요.

입

주위에 거울이 있나요? 그렇다면 거울 앞에서 입을 쩍 벌려봐요.
이런 식으로 보일 거예요.

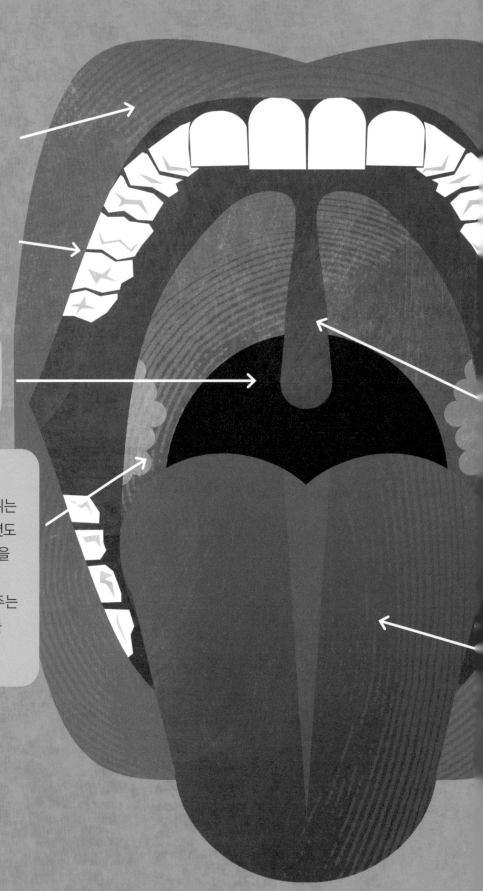

입술
입을 쉽게 다물 수 있어요. 접촉
수용기도 잔뜩 들어 있고요.

잇몸과 이
잇몸은 이를 둘러싸고 밀봉해요
(이에 대해서는 다음 쪽에서 더
자세히 살펴볼 거예요).

검은 구멍
목이에요. 음식물과 공기가
몸속으로 들어가는 입구예요.

편도
편도는 면역계의 일부예요. 꼭 필요한 부위는
아니에요. 편도염에 계속 걸리는 바람에 편도
제거 수술을 받은 사람도 많아요. 또 수술을
받고도 편도염에 걸리는 사람도 있어요.
그러나 편도가 감염에 맞서는 데 도움을 주는
듯하기 때문에, 의사들은 예전보다 편도를
자르는 일에 더 신중한 태도를 보여요.

우리 침샘은 매일 침을
약 1.5리터 분비해요. 사람이 평생
동안 욕조 200개를 채울 만큼
침을 분비한다는
계산 결과가 있어요.

몸에서 **샘**은 화학물질을 분비하는
모든 기관을 가리켜요.

침샘

침샘은 12개예요. 침은 거의 다 물이에요. 나머지는
효소예요. 효소는 특수한 일을 하는 단백질이에요.
침에 들어 있는 효소는 음식물이 입에 있는 동안
당을 분해하기 시작해요.

목젖

목젖이 어떤 일을 하는지는 잘 몰라요. 자동차 바퀴 뒤에
달린 흙받기 비슷한 역할을 하는 것 같기는 해요. 음식물이
목으로 내려가도록 안내하고, 삼키다가 기침을 할 때 코로
들어가지 않도록 막는 거죠. 말할 때에도 도움이 될지 몰라요.
물론 과학자들이 목젖이 무슨 일을 할까 생각하는 이유는
우리가 목젖이 있는 유일한 동물이기 때문이에요!

혀

혀는 주로 근육으로 이루어져 있고, 거기에 맛을 보는 일까지 덧붙여진
기관이에요. 혀가 주로 하는 일 중 하나는 씹을 때 음식물을 이리저리 옮기고,
아무리 작아도 삼키고 싶지 않은 조각을 찾아내는 거예요. 생선 가시 같은
것들요. 초콜릿을 감싼 포장지 조각도요. 또 말하는 데에도 도움을 주지요. 물론
음식물이 입에 잔뜩 있을 때에는 삼킨 다음에 말하는 게 좋겠지요?

치아

갓난아기와 아장아장 걷는 아기의 입에서는 젖니가 자라요. 젖니는 날 때 아프기도 하고, 충치가 되기도 해요. 그런데 젖니는 몇 년 지나지 않아서 다 빠져요.

젖니가 어떻게 빠지는지는 잘 알 거예요. 수업 시간에 지루해서 흔들리는 이를 그냥 혀로 훑고 있는데 갑자기 이가 톡 빠져요. 그러면 모두가 깔깔 웃고 시끌벅적해질 거예요!

그래도 젖니는 빠져야 해요. 자라면 더 큰 이가 필요하거든요. 또 이도 더 많이 필요해져요. 약 10-12세 이전에는 이가 약 20개예요.

- 끝이 납작한 **앞니** 8개. 샌드위치나 과자를 베어물 때 써요. 셀러리도요(부모님의 꿈이겠지만요!).

- 뽀족한 **송곳니** 4개. 음식물을 물고 씹는 것을 도와요.

- **작은어금니** 8개. 음식물을 씹고 짓이기는 데 써요.

- 어른은 **어금니**도 8개 있어요(마찬가지로 씹는 데 써요). 어금니는 대개 약 10-12세 때 자라요. 어른은 어금니도 4개 더 많아요. 마지막으로 나는 어금니는 **사랑니**예요. 적어도 17세가 되어야 자라요. 그리고 자랄 때 무척 아프기도 해요.

사람은 아주 세게 물 수 있지만, 오랑우탄에 비하면 아주 약해요. 오랑우탄은 힘이 **5배** 더 세요.

젖니

앞니

송곳니

작은어금니

어금니

윗니

아랫니

영구치

윗니

아랫니

이는 눈에 보이는 부위보다 훨씬 더 안쪽까지 들어가 있어요.

바깥의 흰 부위는 **에나멜질** (사기질)이라고 해요. 우리 몸에서 가장 단단한 물질이에요.

상아질 안쪽에는 **속질**이 있어요. 혈관과 신경도 들어 있지요.

에나멜질 안쪽에는 **상아질**이 있어요. 상아질도 단단하지만, 에나멜질보다는 약해요. 이는 대부분 상아질로 되어 있어요.

이의 **뿌리**는 뼈에 박혀 있어요.

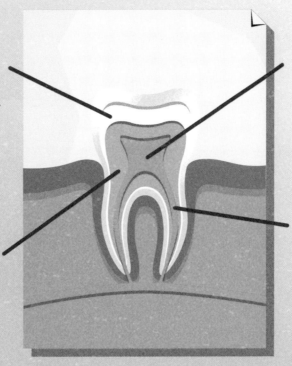

충치

침이 음식물에 든 당을 분해하기 시작한다고 말했죠? 맞아요, **당**! 우리가 무척 좋아하는 거예요. 그런데 입에 사는 세균도 당을 무척 좋아해요. 세균은 당을 마구 먹어치우면서 산을 분비해요. 이 산은 이에 미세한 구멍을 낼 수 있어요. 이가 썩는 **충치**가 바로 이렇게 생기는 거예요.

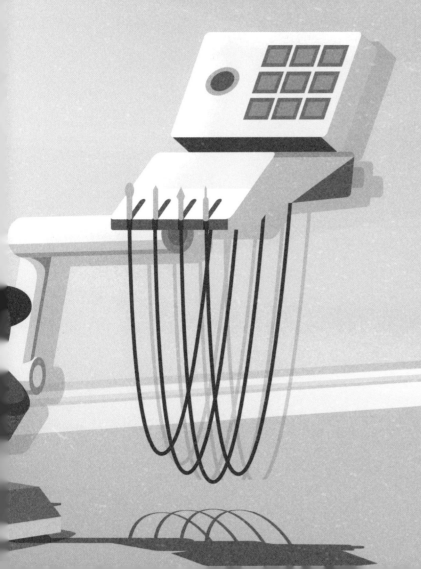

이를 규칙적으로 잘 닦으면 충치에 걸릴 위험을 줄일 수 있어요. 간식을 덜 먹고 달콤한 음료 대신에 물을 마시는 것도요.

미각

아직 거울 가까이에 있나요? 그렇다면 거울 앞에서 혀를 쭉 내밀고 아주 꼼꼼히 살펴봐요.

혓바닥이 오돌토돌할 거예요. 이 작은 돌기들을 **혀유두**라고 해요. 혀유두에는 **맛봉오리**가 들어 있어요. 맛봉오리는 **미각 수용기**예요.

미각은 삼키고 싶은 것이 무엇이고······삼키고 싶지 않은 것이 무엇인지를 알려줘요. 맛은 다섯 가지가 있어요.

단맛 — 당

짠맛 — 소금(당연히!)

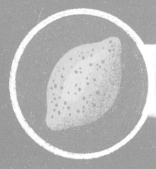

신맛 — 산. 과일의 신맛은 비타민 C가 들어 있음을 뜻해요.

쓴맛 — 많은 화학물질은 쓴맛을 내요. 천연 독소도 쓴맛을 내요. 하지만 약도 쓴맛을 내지요.

감칠맛 — 고기와 된장, 토마토에서 느끼는 맛이에요. 해산물에서도 느낄 수 있고, 조미료로도 이 맛을 내지요.

일부 과학자들은 이런 맛도 가능하대요.

- 물
- 지방
- 녹말(예를 들어, 빵에서)

그러나 모든 과학자들이 있다고 믿는 맛은 앞서 말한 다섯 가지예요. 이 다섯 가지 중에서 감칠맛은 가장 나중에 알려졌어요. 이 맛은 다시라는 일본의 인기 있는 국물에서 처음 찾아냈지요. 다시는 그다지 맛있게 들리지 않는 두 재료로 주로 만들어요. 다시마와 말린 생선으로요. 그러나 끓인 국물은 아주 맛있어요.

고추가 잔뜩 든 카레는 왜 뜨거운 맛이 날까요?

이 열은 사실 맛이 아니에요. 혀에는 미각 수용기뿐 아니라 높은 온도에 반응하는 통증 수용기도 있어요. 고추에는 캡사이신이라는 화학물질이 들어 있는데, 이 물질이 통증 수용기도 자극하는 바람에 뇌는 입이 화상을 입고 있다고 착각해요. 사실은 그냥 속고 있는 거죠. 맞아요, **우리는 식물에게 으레 속고 있어요!**

과학자들은 고추가 방어 무기로 캡사이신을 개발했다고 생각해요. 나를 먹지 마, 먹으면 입이 타는 느낌을 받을 거야 하면서요. 대다수 포유동물에게는 이 방법이 잘 먹히지만, 사람들에게는 별 효과가 없어요. 맵고 뜨거운 음식을 좋아하는 사람들이 아주 많으니까요.

고추의 매운 정도는 **스코빌 지수**로 나타내요. 개발자인 윌버 스코빌의 이름을 딴 척도예요. 몇 가지 고추의 스코빌 지수를 알아볼까요?

- 피망 : 50-100단위
- 할라페뇨 : 2,500-5,000단위
- 캐롤라이나 리퍼 : 220만 단위

방금 읽었다시피, 캐롤라이나 리퍼는 터무니없이 매워요. 그래도 사람들은 도전해요. 특히 고추 먹기 대회에서요. 그러다가 어지럽고 토하고 심하게 배앓이를 하는 등 문제가 생길 수 있어요 . **나는 그냥 할라페뇨로 만족할래요.**

삼킬까, 흘릴까?

문제 하나 낼게요. 여러분이 약 30초마다, 즉 하루에 약 2,000번 하는 일이 있어요. 뭘까요?

삼키기예요.

여러분은 자주 삼켜야 해요. 그렇지 않으면, 매일 분비되는 1리터를 넘는 침이 곧 입안을 가득 채울 거예요. 반면에 우리는 때로 삼키지 말아야 할 것을 삼키기도 해요. 아이만 그러는 것은 아니에요. 어른도 그래요.

이점바드 킹덤 브루넬이 누구인지 아나요? 알면 좋겠어요. 세계에서 가장 위대한 기술자 중 한 명이었으니까요. 그런데 1843년 봄에 그는 좀 난처한 일로 영국 신문에 실렸어요.

마술 묘기가 실패하는 바람에

브루넬은 당시 세계에서 가장 큰 배인 그레이트브리턴 호를 만드느라 몹시 바빴어요. 그러다가 잠시 짬을 내어 아이들을 즐겁게 해주려고 마술 묘기를 부렸어요. 그런데 문제가 생겼어요.

금화를 혀 밑에 숨겼다가 짠 하고 내밀려고 했는데, 그만 실수로 삼키고 만 거예요. 금화는 기도 아래쪽에 걸렸어요. 아프지는 않았지만, 그는 동전이 조금이라도 움직이면 숨이 막힐 수 있다는 것을 알았어요.

그 뒤로 며칠 동안 브루넬과 그의 친구, 동료, 가족, 의사들은 등짝을 세게 두드리는 것부터 발목을 매달아 물구나무를 세워서 흔드는 것에 이르기까지 온갖 방법으로 동전을 꺼내려 애썼어요. 브루넬은 거꾸로 매달려서 좌우로 몸을 흔드는 장치까지 고안했어요. 어떤 방법도 효과가 없었어요.

목을 가르는 "치료법"

곧 모두가 브루넬의 곤경을 알게 되었어요. 전국에서,
심지어 해외에서도 온갖 제안이 쏟아졌어요.
벤저민 브로디라는 유명한 의사는 **기관절개술**을
시도했어요. 그는 마취 없이―그때까지 통증을 없애는
마취법은 영국에서 이용되지 않았어요―브루넬의 목을
짼 뒤에 동전을 꺼내려고 했어요. 하지만 브루넬이
숨을 쉬지 못하고 마구 컥컥거리는 바람에 결국
브로디는 수술을 포기했어요.

동전을 삼킨 지 6주일 뒤에 브루넬은 한 번 더 거꾸로
매달려서 빼내려 했어요. 이번에는 성공했어요. 동전이
거의 즉시 튀어나와서 바닥으로 굴러 떨어졌어요.
친구, 가족, 동료들 모두 기뻐했어요. 브루넬도 당연히
기뻐했고요. 그는 그 뒤로 아무런 후유증 없이 잘 살았고,
절대로 동전을 입에 넣지 않았대요.

이런 이야기를 들려준 이유는 입이 위험한 곳일 수 있다는
점을 알려주기 위해서예요. 사람은 다른 포유동물들보다
질식해서 죽는 일이 더 많아요. 우리가 온갖 별난 것들을
입에 넣기 때문에 더욱 그래요.

슈발리에 잭슨이
몸속에서 꺼낸 별난 물건들

슈발리에 키호테 잭슨은 1865년부터 1958년까지 산 미국의 의사예요. 그는 삼키거나 기도로 들어간 물건들에 관심이 많았어요.

잭슨은 이런 물건들을 꺼내는 온갖 기구와 방법을 개발했어요. 거의 75년 동안 일하면서 그가 꺼낸 물건은 2,374점이나 되었어요. 미국 필라델피아에 있는 무터 박물관 지하실에서 이 놀라운 수집품들을 볼 수 있어요. 믿어지지 않는 것들도 있어요.

이 물건들은 몸 바깥에 있어야 하는 물건인데 몸속에 들어간 거예요. 들어가서는 안 되는 것들이지요.

- 손목시계
- 묵주 십자가
- 소형 쌍안경
- 작은 자물쇠
- 장난감 나팔
- 고기 꼬챙이
- 숟가락
- 난방기 열쇠
- 포커 칩
- "지니고 다니면 행운이 와요" 라고 새겨진 메달

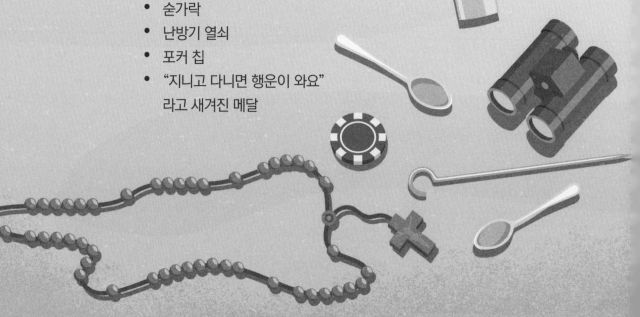

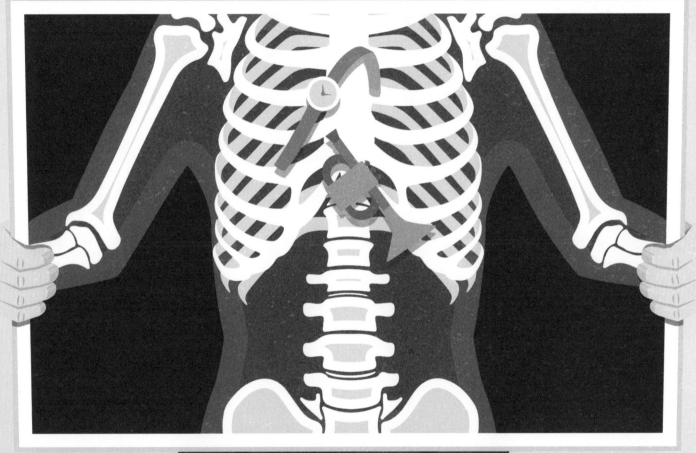

잭슨은 결코 친절한 사람이 아니었지만, 한 여자아이를 치료했던 때를 잘 기록해두었어요. 그는 아이의 목에서 삼킨 지 며칠 된 "음식물일 수도 있고 죽은 조직일 수도 있는 회색 덩어리"를 꺼냈다고 해요.

덩어리를 빼내자, 간호사가 물 컵을 가져왔어요. 아이가 조심스럽게 마시자, 물이 쑥 내려갔어요. 아이는 용기를 내어 더 많이 마셨어요. 잭슨은 이렇게 썼어요. "그런 뒤 아이는 물 컵을 든 간호사의 손을 살짝 옆으로 밀고는 내 손을 잡고 입맞춤을 했다." 잭슨은 환자의 목에서 이물질을 빼내는 일을 많이 했지만, 감동을 받은 양 느껴진 것은 이때가 유일했다고 해요!

잭슨은 수백 명의 목숨을 구했고, 그에게서 배운 많은 의사들도 수많은 사람들을 구했어요. 그런데 오늘날 그의 이름을 아는 사람은 거의 없어요. 적어도 이제 여러분은 알지요. 이제 장난감 나팔을 내려놓아요.

말하기

여러분 반에서 누가 가장 수다쟁이일까요? 남보다 말하기를 더 좋아하는 사람들이 있어요. 어쨌든 단어 하나라도 말을 하려면 아주 많은 활동들이 조화를 이루어야 해요.

* 공기는 딱 맞는 시간에 조금씩 허파에서 밀려나와야 해요.
* 혀, 이, 입술은 이 밀려나오는 공기를 조절해서 그르렁거리는 소리가 아니라 단어 같은 소리가 입에서 나오도록 해요.

말을 할 (그리고 말을 이해할) 수 있는 것은 뇌가 크기 때문만이 아니에요. 침팬지도 뇌가 꽤 크지만, 말을 하지는 못해요. 말을 못 하는 한 가지 이유는 혀와 입술을 복잡한 소리를 낼 수 있도록 움직이지 못하기 때문이에요.

말하는 법을 배우려면 시간이 좀 걸려요. 쓰고 싶은 단어를 아는 두세 살 아이도 제대로 말하기가 쉽지 않을 때도 있어요. 물론 그래서 아기의 말이 아주 귀엽게 들리는 거지요. (아기는 몹시 불만이겠지만요!)

말하기에서 주된 역할을 맡는 부위는 **후두**예요. 후두는 **음성 상자**라고도 해요. 상자의 각 변은 3-4센티미터까지 자라요. 성대 주위에는 이런 것들이 있어요.

* 연골 9개
* 근육 6개
* 인대 8개. 그중 2개는 **성대**라고도 하지만, **성대 주름**이라고 하는 편이 더 맞아요.

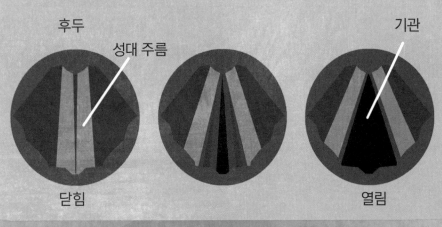

후두
성대 주름
닫힘
기관
열림

탁탁거림이 노래로

공기가 성대 주름 사이를 뚫고 나올 때, 성대는 세찬 바람에 펄럭이는 깃발처럼 열렸다 닫혔다 하면서 탁탁거리고 나풀거려요. 그럴 때 다양한 소리가 나요. 그 소리는 입을 지나면서 더 다듬어지지요.

물론 우리는 말만 하는 것이 아니에요. 노래도 할 수 있어요. 열심히 일하는 우리의 목은 식도와 기관일 뿐 아니라 악기이기도 해요!

말더듬

언어가 이렇게 아주 복잡하다는 점을 생각하면, 말을 하는 데 어려움을 겪는 사람들이 있는 것도 이해가 가요. 아이 100명 중 약 4명은 말을 더듬어요. 원인이 무엇인지는 아무도 몰라요. 왜 사람마다 더듬는 글자가 다른지, 왜 남에게 말할 때는 더듬으면서, 노래를 하거나 외국어를 하거나 혼잣말을 할 때는 더듬지 않는지도요.

호흡

우리는 목이 바람 통로 역할을 한다는 것을 알아요. 하지만 어떻게 호흡을 하는지는 아직 살펴보지 않았어요. 뻔하다고 생각할지도 모르지만, 몸의 다른 부위들이 그랬듯이 자세히 살펴볼수록 점점 이상해져요.

허파 내에서 기관지는 갈라져서 **세기관지**라는 더 가느다란 관이 됩니다. 세기관지의 끝에는 포도알 모양의 **허파꽈리** 수백만 개가 달려 있어요. 허파꽈리는 모세혈관으로 감싸여 있지요.

숨을 들이마시면…

공기는 코를 통해 몸으로 들어온 뒤, 머리에서 가장 수수께끼 같은 공간을 지나요. 바로 **굴**이에요. 굴은 뼈들이 복잡하게 그물처럼 연결되어 만들어진 아주 큰 공간이에요. 자세히 보면 아주 놀라워요. 그런데 굴이 왜 있냐고 물으면, 모른다고 답할 수밖에 없어요!

**공기는 입이나 코를 지난 뒤,
기관으로 들어가요.**

기관은 기관지라는 두 개의 관으로 나뉘어요. 각각 왼쪽과 오른쪽 허파로 이어지지요.

매일 우리는 약 2만5,000번 호흡을 해요.
우리는 한 번 숨을 쉴 때마다 산소 분자 약 250해
(25,000,000,000,000,000,000,000,000)
개를 들이마셔요.

갑자기 코가 간지러워지면서……
에이취! 재채기로 나온 액체 방울들은 천천히 떠다니면서 주변 약 8미터 안에 있는 사람들의 몸에 닿을 수 있어요. 교실 전체로 쉽게 퍼진다는 뜻이지요.

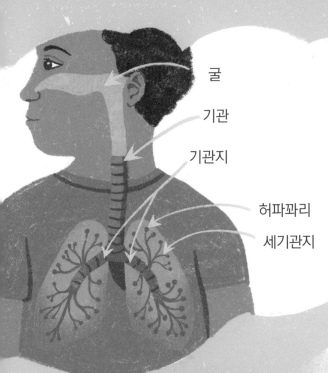

굴

기관

기관지

허파꽈리

세기관지

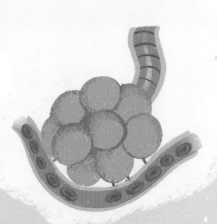

산소는 허파꽈리의 벽을 통과해서 혈관으로 들어가요. 반대로 노폐물인 이산화탄소는 혈관에서 허파꽈리로 빠져나와서 숨쉴 때 밖으로 배출되지요.

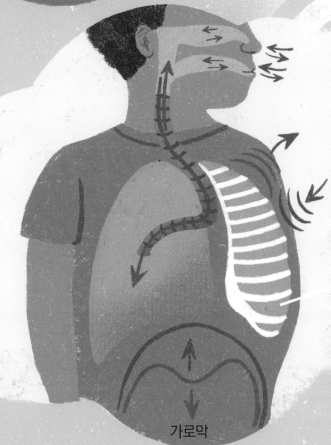

갈비사이근

가로막

우리 허파는 들이마시는 공기에 든 산소를 전부 다 흡수하지 않아요. 들숨에는 산소가 21퍼센트 (이산화탄소는 0.03퍼센트) 들어 있어요. 날숨에는 산소가 16퍼센트 (이산화탄소는 4퍼센트) 들어 있어요.

들이마실 때
허파 바로 밑에 있는 튼튼한 근육판인 가로막이 아래로 내려가요. 또 갈비뼈 사이의 근육(갈비사이근)은 갈비뼈를 들어올려서 밖으로 당겨요. 그러면 가슴이 부풀면서 공기가 빨려들어요.

내쉴 때
가로막과 갈비사이근이 이완돼요. 가슴 안쪽 공간이 쪼그라들면서, 허파에 든 공기를 밀어내요.

숨을 멈추지 마!

우리 사람은 숨을 멈추는 일을 잘 못해요. 허파는 공기 약 6리터를 담을 수
있지만, 대개 한 번 호흡할 때 약 0.5리터만 드나들어요.

사람이 가장 오래 숨을 참은 기록은 24분 3초예요.
스페인의 알레이스 세구라 벤드렐이 2016년 2월 바르셀로나의 수영장에서
이 기록을 세웠어요. 그러나 그는 그 전에 몇 차례 순수 산소를 들이마셨어요.
그리고 숨을 참고 물에 엎드린 채 꼼짝하지 않았지요.
무려 24분이라니 놀랍겠지만, 물범은 고개를 저을 거예요.
2시간 동안 물속에 머무는 물범도 있으니까요.

우리는 산소가 부족해서 숨을
쉬어야겠다고 느끼는 것이 아니에요.
숨을 쉬는 이유는 핏속에
이산화탄소가 쌓여서예요.
그래서 숨을 참았다가 다시 호흡할 때
먼저 숨을 내뱉는 거예요.

천식

천식을 앓는 사람은 약 3억 명에 달해요. 어른보다는
아이가 더 많고요. 한 반의 아이 30명 중에서
평균 5명이 앓고 있을 거예요.

천식이란 무엇일까요?

천식에 걸리면, 숨길이 좁아져요. 그래서 공기가
드나들기가 더 힘들어요. 특히 날숨이 그래요.

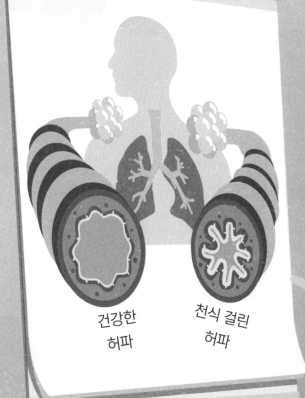

건강한
허파

천식 걸린
허파

천식의 원인은 무엇일까요?

런던 위생열대 의학대학원의 천식 전문가 닐 피어스
교수는 이렇게 말해요.

"아마 사람들은 천식이 집먼지진드기나 고양이, 화학물질,
담배 연기, 공기 오염으로 생긴다고 생각할 겁니다. 내가
30년간 천식을 연구하면서 얻은 주된 결론은 사람들이
생각하는 그 어떤 것도 거의 다 실제로는 천식을 일으키지
않는다는 겁니다. 이미 천식이 있다면, 그것들이 천식
발작을 자극할 수는 있겠지만, 천식의 원인은 아닙니다.
우리는 천식의 주된 원인이 무엇인지 거의 감조차 잡지
못하고 있어요. 그러니 예방 조치도 전혀 할 수 없습니다."

천식은
열세 살 무렵에
가장 많이 걸려요.

천식은 의사조차도 이해하기 힘든
병이에요. 우리는 대개 호흡할 때
들어오는 무엇인가가 천식 발작을
일으킨다고 생각하지만, 얼음물에
발을 담그자마자 숨이 가빠오는
사람도 있어요.

잠

잠은 우리의 행동 중 가장 수수께끼예요. 우리는 생애의 3분의 1을 잠으로 보내고, 잠이 아주 중요하다는 것도 알아요. 그런데 왜 굳이 잠을 자는지는 잘 몰라요.

잠이 그냥 쉬는 것이 아니라는 점은 분명해요. 겨울잠도 잠을 대신하는 것이 아니에요. 겨울잠을 자는 동물은 의식이 없어요. 주변에서 어떤 일이 일어나는지도 몰라요. 그런데 겨울잠을 자는 동안에도 매일 몇 시간씩 평소에 자듯이 잠을 자요.

그러면 잠이란 무엇일까요?
매일 밤 우리는 여러 수면 단계를 되풀이해요. 아이는 수면 주기를 한 번 거치는 데 약 45분에서 1시간이 걸려요. 어른은 약 1.5시간이 걸리죠.

1단계
얕은 잠. 이 시점에는
잠에서 잘 깨곤 해요.

2단계
근육이 더 풀어져요. 지켜보는 과학자는
느린 뇌파가 나타나기 시작하는 것을 보게 돼요.
느린 전기 활동이 일어난다는 것을 보여주는
파동이 뇌 전체로 퍼진다는 뜻이에요.

잠잘 때 거의 움직이지
않는다고요? 사실은 꽤
움직여요. 우리는 자는 동안
평균 30-40번 자세를 바꿔요.

3단계
깊은 느린 뇌파 수면. 이 단계에서는
방 안에서 개가 짖어도 깨지 않을 수도 있어요.
이 단계에서도 꿈을 꿔요.

일부 조류와 해양 포유류는 뇌가 절반씩 번갈아 잠을 잘 수 있어요. 반쪽이 꿈을 꾸고 있을 때, 다른 반쪽은 깨어서 일을 하지요.

꿈꾸는 것이 분명해!

렘 수면 때 왜 눈이 움직이는 걸까요? 혹시 꿈을 "구경하는" 것이 아닐까요? 재미있는 꿈도 있겠지만, 무서운 꿈도 있어요. 그런데 최근 연구를 보면, 나쁜 꿈도 목적이 있는 듯해요. 깨어 있을 때 무서움을 덜 느끼게 한다는 거예요. 즉 나쁜 꿈은 일종의 가상현실 게임 역할을 할 수도 있어요. 좀비들이 몰려오는 것부터 어른이 화를 내는 것에 이르기까지, 일어날 수 있는 온갖 안 좋은 상황에 대처하도록 훈련시킨다는 거죠.

아기와 아이는 어른보다 렘 수면 시간이 훨씬 더 길어요. 사실 잠도 더 오래 자지요. 세 살인 아기는 깨어 있는 시간보다 자는 시간이 더 길어요. 따라서 과학자들은 잠, 특히 렘 수면이 뇌의 건강한 발달에 중요하다고 생각해요.

영국 국립보건원은 아이들이 이 정도는 자야 한다고 권해요.
- 3-5세 : 10-13시간, 낮잠 포함
- 6-12세 : 9-12시간
- 13-18세 : 8-10시간

렘 수면

렘은 빠른 눈 운동을 가리켜요. 꿈은 대부분 렘 수면 때 꿔요. 렘 수면 단계가 지나면, 다시 수면 1단계가 시작됩니다.

잠을 잘 자는 요령
- 침실에서 전자기기를 사용하지 말아요.
- 침실을 어둡고 조용하게 해요.
- 빛이 못 들어오게 커튼을 쳐요, 가능하면 두꺼운 커튼으로요.
- 실내 온도를 약 16-20도로 유지해요.

심장

심장이 하는 일은 하나예요. 그리고 대개는
그 일을 아주 잘해요. 바로 쿵쿵 뛰는 일이죠.

사실 심장이 자기 일을 얼마나 잘하는지를
보여주고자 한다면, 아주 쉬울 거예요.
심장은 1초에 1번 남짓, 하루에 약 10만 번 뛰어요.
평생 35억 번이지요.

심장이 피를 뿜어내는 힘은 아주 세요. 몸에서 피를
3미터 높이까지 뿜어올릴 정도예요. 심장은 1시간에
피 약 260리터를 뿜어내요. 몸이 하루에 쓰는 피가
자동차가 1년 동안 쓰는 휘발유보다 많아요.

**이 놀라운 일을 하는 심장은
크기가 자몽만 해요.**

심장은 방이 4개예요. **심방** 2개와 **심실** 2개지요.
피는 심방으로 들어와서 심실을 통해 나가요.

허파로 가는
산소를 잃은 피

우심방

우심실

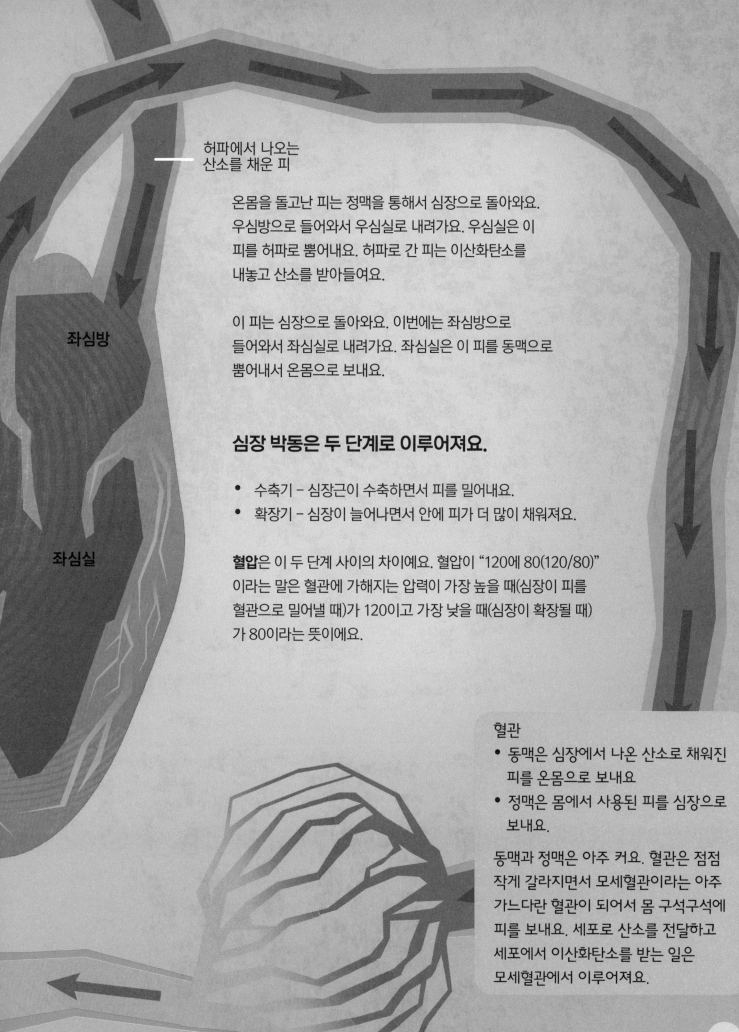

허파에서 나오는
산소를 채운 피

온몸을 돌고난 피는 정맥을 통해서 심장으로 돌아와요.
우심방으로 들어와서 우심실로 내려가요. 우심실은 이
피를 허파로 뿜어내요. 허파로 간 피는 이산화탄소를
내놓고 산소를 받아들여요.

이 피는 심장으로 돌아와요. 이번에는 좌심방으로
들어와서 좌심실로 내려가요. 좌심실은 이 피를 동맥으로
뿜어내서 온몸으로 보내요.

좌심방

심장 박동은 두 단계로 이루어져요.

- 수축기 – 심장근이 수축하면서 피를 밀어내요.
- 확장기 – 심장이 늘어나면서 안에 피가 더 많이 채워져요.

혈압은 이 두 단계 사이의 차이예요. 혈압이 "120에 80(120/80)"
이라는 말은 혈관에 가해지는 압력이 가장 높을 때(심장이 피를
혈관으로 밀어낼 때)가 120이고 가장 낮을 때(심장이 확장될 때)
가 80이라는 뜻이에요.

좌심실

혈관
- 동맥은 심장에서 나온 산소로 채워진
  피를 온몸으로 보내요
- 정맥은 몸에서 사용된 피를 심장으로
  보내요.

동맥과 정맥은 아주 커요. 혈관은 점점
작게 갈라지면서 모세혈관이라는 아주
가느다란 혈관이 되어서 몸 구석구석에
피를 보내요. 세포로 산소를 전달하고
세포에서 이산화탄소를 받는 일은
모세혈관에서 이루어져요.

심장 치료

단위
♥ = 10

동물	코끼리	소	쥐
분당 뛰는 횟수(번)	30	50-80	600

심박수

포유동물마다 심박수는 크게 다를 수 있지만, 한 가지 오싹한 사실은 모두 평생 동안 평균 약 8억 번 뛴다는 거예요. 즉 사람만 예외예요. 우리는 스물다섯 살쯤에 8억 번을 넘어요. 충분히 운이 좋아서 약 50년을 더 살면 16억 번쯤 뛰어요.

심장이 이만큼 뛰려면 어떤 이들은 도움을 받아야 해요. 약을 먹어야 하는 사람도 있고, 심장 수술을 받아야 하는 사람도 있지요. 현대 심장 의학은 어떻게 탄생했을까요? 몇 가지 흥미진진한 이야기가 있어요.

베르너 포르스만

1929년 막 의사가 된 포르스만은 가느다란 플라스틱 관을 심장으로 집어넣는 것이 가능할지 궁금했어요. 무슨 일이 일어날지 전혀 모르는 상태에서 그는 팔의 동맥으로 관을 밀어넣었어요. 계속 밀다 보니, 마침내 관의 끝이 심장으로 들어갔어요. 그제야 그는 이 일을 증거로 남겨야 한다는 것을 깨달았죠. 그래서 관을 심장에 꽂은 채로 천천히 병원의 다른 곳으로 가서 엑스선 사진을 찍었어요. 포르스만의 삽입술은 이윽고 심장 수술을 하는 방법을 바꾸었어요.

존 H. 기번

1930년대에 기번은 심장 수술을 하는 동안 환자의 혈액에 산소를 공급하는 일을 맡을 기계를 만들고자 했어요. 먼저 그는 몸속 깊은 곳의 혈관이 얼마나 확장하고(혈액이 더 많이 흐르도록) 수축할 (더 적게 흐르도록) 수 있는지 알아내야 했어요. 그는 온도계를 항문에 꽂아넣고서 입으로 관을 삼켜 위장에 닿게 한 뒤 얼음물을 흘려넣으면서 무슨 일이 일어나는지 자기 몸에 실험했어요. 얼음물을 삼키는 영웅적인 노력을 비롯해서 이런 연구를 20년 넘게 한 뒤인 1953년에 그는 마침내 목표를 이뤄 세계 최초의 "심장-허파 기계"를 만들었어요.

앞으로는?

필요한 사람에게 이식할 심장을 공여 심장이라고 해요. 그런데 현재는 공여 심장이 부족해서 필요한 모든 사람이 이식을 받지 못해요. 일부 과학자들은 동물의 심장을 쓰는 것이 해결책이라고 생각해요. 2022년 데이비드 베넷이라는 쉰일곱 살의 남성은 세계 최초로 돼지 심장을 이식받았어요. 과학자들은 베넷의 면역계가 받아들일 수 있도록 공여 돼지의 DNA를 일부 수정했어요. 안타깝게도 그는 2개월 뒤에 사망했어요. 의사들은 돼지 심장에 든 바이러스가 원인일지 모른다고 추정했어요.

크리스티안 바너드

바너드는 남아프리카 케이프타운의 외과의사였어요. 1967년 그는 처음으로 사람의 심장 이식 수술을 시도했어요. 교통 사고로 사망한 여성의 심장을 루이스 워시캔스키라는 쉰네 살의 남성에게 이식했지요. 워시캔스키는 18일 뒤에 사망했어요. 그러나 시간이 흐르면서 이식 기술은 점점 발전했고, 지금은 해마다 약 4,000명이 심장 이식 수술을 받아요. 새 심장을 받은 사람들은 평균 15년을 더 산답니다.

피, 피, 영광스러운 피

누군가가 몹시 아프다면 어떻게 해야 할까요? 몹시 불안하게 들리겠지만,
옛날에는 몸에 구멍을 내서 피를 좀 **빼냈어요.**

물론 지금은 그런 일을 하지 않을 거예요. 하지만
이 이상한 생각은 아주 오랫동안 의학계에서 지혜라고
여겨졌어요. 피를 빼는 이 사혈법은 질병을 치료할
뿐 아니라 사람을 진정시킨다고 생각되었죠. 모두가
받아들였어요. 왕족도요.

- 독일의 프리드리히 대왕은 전투를 하기 전에 날뛰는
  신경을 가라앉히기 위해서 피를 뺐어요.
- 빼낸 피를 담는 그릇은 집안의 가보로 삼아서
  대대로 물려주곤 했답니다!

그 누구보다도 피를 빼는 일에 몰두한 사람이 있었어요.

사혈의사들의 왕자

가장 유명한 사혈의사는 18세기 미국의 벤저민
러시였어요. 그는 모든 질병이 피가 너무 뜨거워서
생긴다고 믿었어요. 그래서 피를 빼서 몸을 식히면
낫는다고 생각했지요. 그는 사혈법을 너무나 굳게 믿은
나머지, 환자에게서 한번에 2.2리터까지 피를 빼기도
했어요. 하루에 두세 번씩 빼기도 했고요.

불행히도 그는 이렇게 믿었어요.
A. 사람의 몸에는 실제 필요한 양보다 피가 약
2배 더 많이 들어 있다.
B. 피를 약 80퍼센트까지 빼내도 아무런 부작용이 없다.

**여러분이 계산을 해보면 말도 안 된다는 사실을
금방 알아차릴 거예요.**

그러나 그는 피 빼기를 계속 고집했어요. 미국
필라델피아에서 황열병이 대발생했을 때, 그는 환자
수백 명의 피를 뺐어요. 그리고 자신이 많은 목숨을
구했다고 확신했어요. 그런데 구하기는커녕 사실 그의
치료를 받은 사람들은 모두 죽었어요.

1813년 예순일곱 살이던 그는 열병에 걸렸어요.
열이 가라앉지 않자, 그는 의료진에게 피를
빼라고 재촉했어요. 의사들은 피를 뺐고,
그는 죽음을 맞이했어요.

1900년경이 되어서야 의사들은 피를 더 현대적인 관점에서 이해하기 시작했어요. 출발점이 된 것은 빈의 젊은 의학 연구자 카를 란트슈타이너의 발견이었지요.

란트슈타이너는 서로 다른 사람들의 피를 섞으면 엉길 때도 있고(안 좋은 결과) 그렇지 않을 때도 있다는(좋은 결과) 것을 알아차렸어요. 그는 어떤 혼합물이 엉기고 엉기지 않는지를 꼼꼼히 살펴본 뒤, 크게 세 **혈액형**이 있다는 것을 알아냈어요. 바로 A형, B형, O형이지요.

그리고 그의 연구실에서 일하던 두 과학자가 AB형도 있다는 사실을 알아냈어요.

혈액형은 이런 식으로 작용해요.

- 모든 혈구는 안쪽이 똑같아요. 하지만 A형 피를 지닌 사람은 혈구의 표면에 "A" 단백질이 있어요. B형인 사람은 "B" 단백질이 있고요. AB형인 사람은 둘 다 있고, O형인 사람은 둘 다 없어요.
- 우리 면역계는 자기 세포 표면에 어떤 단백질이 있어야 하는지 알아요. 그런데 낯선 단백질이 있음을 알아차리면(다른 혈액형의 단백질처럼), 그 세포를 공격해요. 그래서 피가 엉기게 되는 거예요.

혈액형이 발견되자, 왜 예전에 수혈이 실패하곤 했는지를 설명할 수 있게 되었어요. 헌혈하는 사람과 수혈받는 사람의 혈액형이 달랐기 때문이지요. 그러니 대단히 중요한 발견이었답니다.

의사들은 이런 사실을 알게 되었어요.

- A형은 A형과 AB형에게는 피를 줄 수 있지만, B형에게는 줄 수 없어요.
- B형은 B형과 AB형에게는 피를 줄 수 있지만, A형에게는 줄 수 없어요.
- AB형은 AB형에게만 피를 줄 수 있어요.
- O형은 모든 혈액형에게 피를 줄 수 있어요. 그래서 **만능 공여자**라고 해요.

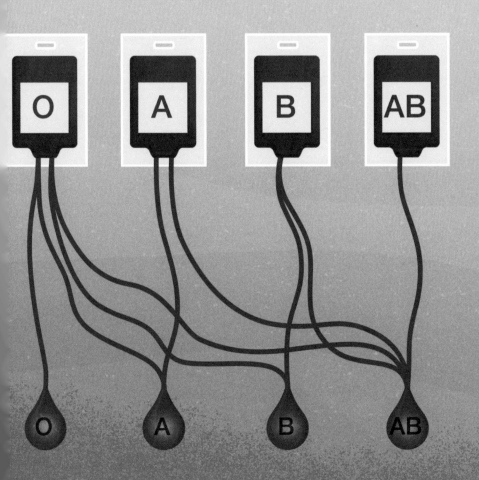

피의 이모저모

피가 세포로 산소를 운반한다는 사실은 잘 알 거예요. 그런데 피는 훨씬 더 많은 일을 해요.

- **호르몬**(뒤에서 살펴볼 몸속의 전령 분자)과 다른 중요한 화학물질들을 운반해요.
- 노폐물을 수거해요.
- 위험한 침입자를 찾아서 죽이는 면역계 요원들을 운반해요.
- 산소를 가장 필요로 하는 부위로 운반해요 (달릴 때라면 다리 근육으로).
- 체온 조절을 도와요. 몸이 너무 차가워지거나 뜨거워지지 않게 막아요.

헤모글로빈은 극도로 위험한 것을 원하는 어두운 욕망을 지닌 영웅 단백질이에요. 바로 일산화탄소지요. 일산화탄소가 주변에 있으면, 헤모글로빈은 빨아들여 꼭꼭 채워요. 출퇴근 시간의 혼잡한 지하철처럼요. 대신에 산소는 탑승시키지 않고 그냥 지나쳐요. 일산화탄소에 사람이 죽는 이유가 바로 그 때문이에요. 산소가 온몸으로 운반되지 못하니까요.

피의 주요 성분 4가지

이름 : 적혈구
혈액의 44퍼센트를 차지

찻숟가락 하나 분량의 피에는 적혈구 약 250억 개가 들어 있어요. 모두 같은 일을 해요. 산소를 운반하는 거지요. 적혈구는 **헤모글로빈**이라는 단백질을 써서 산소를 운반해요. 적혈구의 수명은 약 4개월이에요. 그동안 몸을 약 15만 번 돌아요. 약 160킬로미터를 달리는 셈이지요.

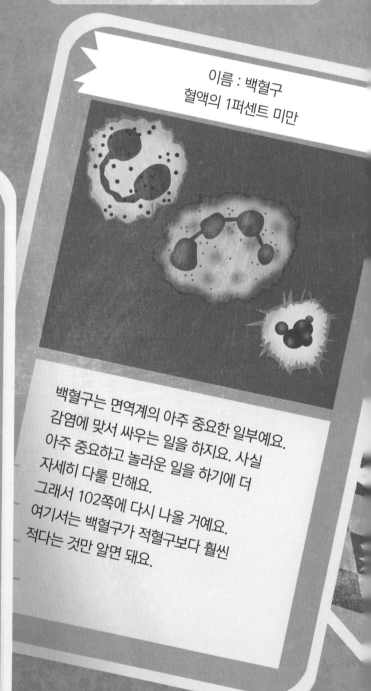

이름 : 백혈구
혈액의 1퍼센트 미만

백혈구는 면역계의 아주 중요한 일부예요. 감염에 맞서 싸우는 일을 하지요. 사실 아주 중요하고 놀라운 일을 하기에 더 자세히 다룰 만해요. 그래서 102쪽에 다시 나올 거예요. 여기서는 백혈구가 적혈구보다 훨씬 적다는 것만 알면 돼요.

이름 : 혈소판
혈액의 1퍼센트 미만

이름 : 혈장
혈액의 50퍼센트 남짓

혈장은 90퍼센트가 물이고, 혈액 응고를 돕는 단백질 등 몇 가지 중요한 성분들도 들어 있어요.

혈소판이 주로 하는 일 중 하나는 혈액 응고를 관리하는 거예요. 실수로 벽에 팔꿈치가 긁혔어요. 아야, 그러면 여러분은 이렇게 생각할 수도 있어요. 아야, 그래도 별 거 아니야. 그런데 혈소판은 그렇게 느긋하지 않아요. 곧 혈소판 수백만 개가 상처, 즉 긁힌 부위로 몰려들 거예요. 그와 동시에 혈액의 한 단백질이 변해서 **피브린**이라는 더 질긴 단백질이 돼요. 혈소판과 피브린은 힘을 합쳐서 상처를 덮는 마개를 만들어요. 이 마개가 굳어서 **피딱지**가 되지요. 피딱지는 흘러나오는 피를 멈추고, 상처를 헤집지 못하게 해요. 뜯으려고 하지 말아요.

대변은 왜 갈색일까요? 주된 이유는 매일 몸에서 죽은 적혈구를 1,000억 개씩 내보내기 때문이에요.

몸의 화학

눈 뒤쪽 뇌 깊숙한 곳에 강낭콩만 한 샘이 있어요. 이 뇌하수체는 크기는 작지만, 몸에서 엄청난 일을 해요.

미국 앨턴에 살던 로버트 워들로는 역사상 가장 키가 큰 사람이에요. 수줍음이 많고 유쾌한 성격인 그는 여덟 살 때 이미 평균 키였던 아빠보다 더 컸어요. 열두 살에는 210센티미터였고, 고등학교를 졸업할 때에는 240센티미터를 넘었어요. 스물두 살에 사망할 즈음에는 270센티미터에 가까웠어요. (그는 계속 자라는 키 때문이 아니라, 다리에서 시작된 감염으로 목숨을 잃었어요.) 워들로는 주민들의 사랑을 받았어요. 1936년에 사망했지만, 고향에서는 지금도 그를 기린답니다.

워들로가 계속 자란 것은 뇌하수체에 이상이 생겨서예요. 이 샘은 아주 많은 것들을 통제하기 때문에 **으뜸샘**이라고 해요. 이 샘은 **성장 호르몬**을 만드는 일도 하는데, 말 그대로 자라게 하는 호르몬이에요. 그런데 워들로의 몸에서는 이 호르몬이 너무 많이 분비되었어요.

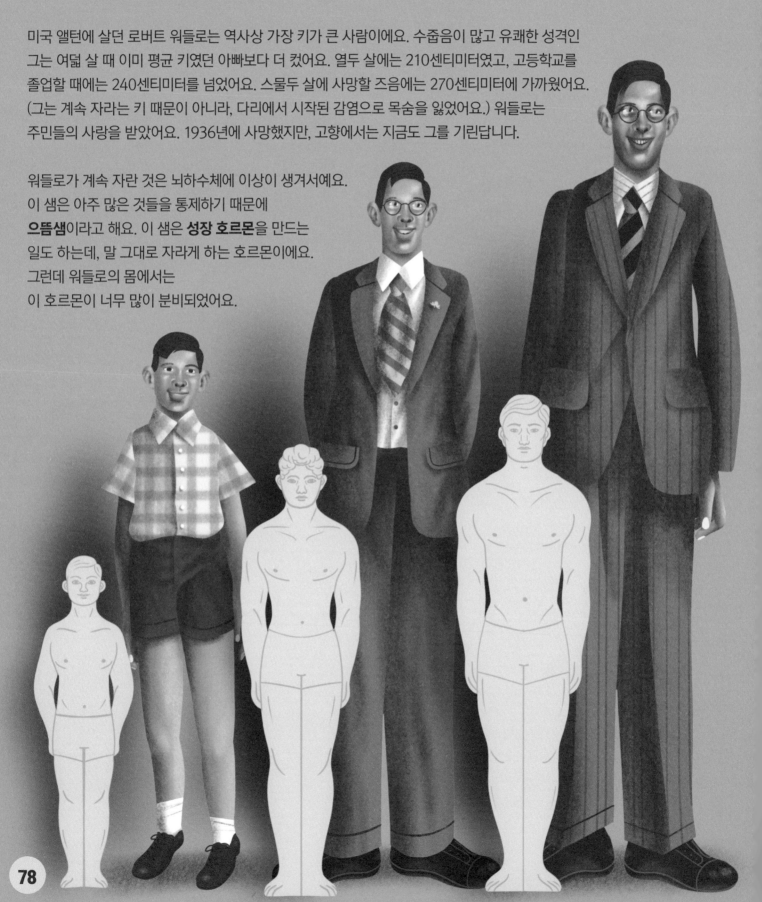

호르몬은 화학물질 전령이에요.
온몸을 돌아다니면서 이런저런 활동이
일어나도록 해요. 뇌하수체는
아주 중요한 호르몬 중심지이지만,
다른 샘들도 몸 여기저기에
흩어져 있어요.

몸의 호르몬들과 그것이 하는 일들을
전부 적으면, 보기 싫어질 만치
아주 길어질 거예요.
못 믿겠다고요?
그러면 주요 호르몬
몇 가지만 살펴볼까요?

으 뜸 샘

콩

뇌하수체

부신(콩팥위샘)

멜라토닌 : 졸립다고요? 호르몬 이야기를 계속 읽어서 그럴 수도 있어요. 또 멜라토닌 농도가 높아지면서 그럴 수도 있고요. 낮 동안에는 계속 올라간답니다.

옥시토신 : 따스하고 사랑스러운 느낌이 든다고요? 옥시토신이 다른 사람과 연결되어 있다는 느낌을 부추기기 때문일 수 있어요.

항이뇨 호르몬 : 목이 심하게 마르다고 느끼나요? 몸에 물이 부족해서 그럴 수 있어요. 그럴 때 이 호르몬이 분비되어서 몸속의 물이 소변을 통해 빠져나가지 못하게 억제해요.

아드레날린 : 기운이 넘치고 뭔가 할 준비가 되었다고 느끼나요? 아드레날린이 심장을 더 빨리 뛰게 해서 피가 온몸을 기운차게 돌기 때문일 수 있어요. 이런 반응은 조상들이 공격자에게 맞서거나 달아날 때 도움이 되었을 거예요. 큰 시험처럼 걱정이 앞설 때에도, 심장이 마구 뛸 수 있어요.

사춘기

사춘기는 아이의 몸이 어른의 몸으로 바뀌는 시기에요. 피터 파커가 스파이더맨으로 변신하는 식으로 빠르게 일어나지는 않아요. 이 변화에는 약 4년이 걸려요. 대개 이 시기에는 이런 일들이 일어나요.

소녀

- 가슴이 커져요.
- 난소에서 난자가 나오기 시작해요. 월경 주기를 거치는 동안 자궁은 벽이 부풀면서 임신할 준비를 해요. 임신이 이루어지지 않으면 부풀었던 벽이 무너져요. 그것이 생리이지요. 생리는 약 28일 주기로 일어나요.

소년

- 정소가 정자를 만들기 시작해요. 후두가 커지면서 목소리가 깊어져요. 얼굴과 몸에 털이 자라고, 몸에 근육이 더 붙어요.

80

헨리 8세 때에는 사춘기가 16-17세에 시작되었어요. 지금보다 훨씬 늦은 셈이죠. 과학자들은 지금 더 일찍 시작되는 이유가 영양 상태가 더 좋아서 라고 생각해요. 즉 튜터 왕조 시대보다 대체로 더 건강한 음식을 먹기 때문이라는 거지요!

호르몬은 사춘기를 이끄는 일을 해요. 그러니까 사춘기가 진행되도록 돕는다는 뜻이에요. 사춘기에 아주 중요한 역할을 하는 호르몬이 몇 가지 있어요.

- **에스트로겐** – 여성의 난소에서 생산돼요. 가슴의 발달을 제어하고 월경 주기에 중요한 역할을 해요.
- **테스토스테론** – 정소에서 생산돼요. 음경과 정소("남성 생식기"), 얼굴 수염과 사타구니의 털을 제어해요. 목소리도 더 깊게 만들지요.

사춘기가 힘들 수 있다는 것은 맞아요. 하지만 그 시기에 몸에 일어나는 모든 변화들을 그냥 살펴보세요. 그리고 뇌가 아직 발달하고 있다는 점도 생각해보고요. 사춘기에 감정이 롤러코스터를 타는 것처럼 오락가락한다면, 믿을 만한 어른에게 어떤 감정인지 털어놓아요. 주변 어른들도 모두 사춘기를 겪었다는 점을 명심해요!

과학자들은 사춘기 때 왜 남녀 모두 생식기 주위와 겨드랑이에 털이 더 짙게 자라는지 잘 몰라요. 털이 사춘기를 겪고 있다고 남들에게 알리는 역할을 한다고 보는 이론도 있어요. 물론 우리는 옷을 입어서 이 신호를 막을 수도 있지요.

사춘기가 8-14세에 시작되는 것도 아주 정상이에요. 그리고 이 변화가 남보다 더 빠르게 일어나는 이들도 있어요. 따라서 사춘기가 친구들보다 더 늦게 또는 더 느리게 시작한다고 해도 걱정할 필요가 전혀 없어요.

몸과 뇌는 발달하는 방식이 달라요. 그리고 여기서는 "소녀"와 "소년"을 이야기했지만, 남성이나 여성이라고 할 때 예상되는 것과 딱 들어맞지 않는 생식기를 지닌 이들도 있어요.

간

여러분은 간을 얼마나 알고 있나요? 잘 모른다고요?

그 말에 간이 너무 실망하지 않았으면 좋겠어요. 간은 밤낮으로 우리를 위해서 온갖 중요한
일들을 하니까요. 사실 간이 갑자기 활동을 멈춘다면, 우리는 몇 시간 안에 죽을 거예요.

간은 사실상 우리 몸의 실험실이에요. 어느 시점에 재든 우리 몸에 있는 피의 약 4분의 1은
간에 들어가 있어요. 간이 이렇게 저렇게 살펴보고 있지요.

간이 하는 일들

- 비타민을 저장하고 흡수해요.

- 오래되고 망가진 적혈구를 분해해요. 헤모글로빈에 들어
  있던 철은 새로운 적혈구에 들어갈 헤모글로빈을 만드는
  데 재활용해요.

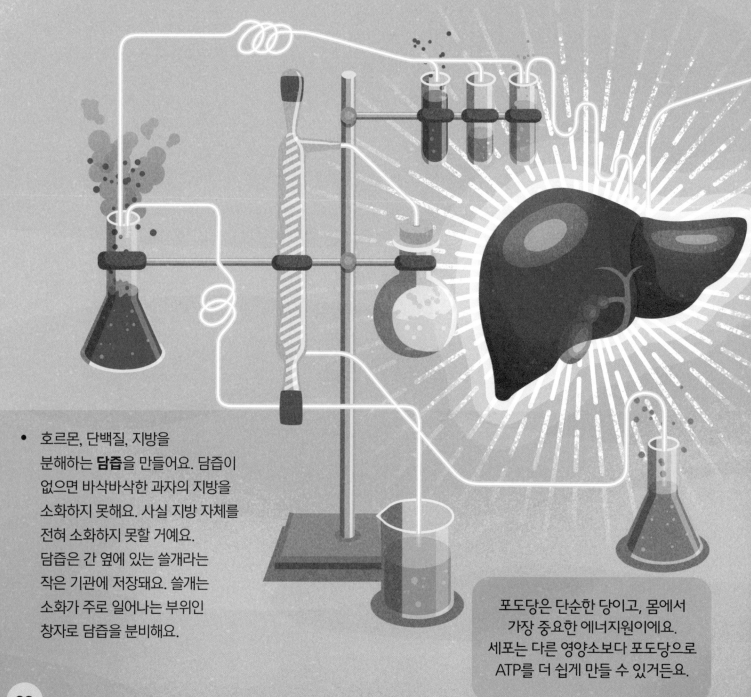

- 호르몬, 단백질, 지방을
  분해하는 **담즙**을 만들어요. 담즙이
  없으면 바삭바삭한 과자의 지방을
  소화하지 못해요. 사실 지방 자체를
  전혀 소화하지 못할 거예요.
  담즙은 간 옆에 있는 쓸개라는
  작은 기관에 저장돼요. 쓸개는
  소화가 주로 일어나는 부위인
  창자로 담즙을 분비해요.

포도당은 단순한 당이고, 몸에서
가장 중요한 에너지원이에요.
세포는 다른 영양소보다 포도당으로
ATP를 더 쉽게 만들 수 있거든요.

쓸개가 있는 동물도 많지만, 없는 동물도 많아요. 특이하게도 기린은 쓸개가 있을 때도 있고 없을 때도 있어요.

간은 다음 사례들과 어떤 공통점이 있을까요?

- 지렁이
- 울버린
- 아홀로틀

답 :
재생 능력이에요.

놀랍게도 간은 3분의 2를 잘라내도 몇 주일 사이에 원래 크기로 다시 자랄 거예요. 심장은 그럴 수 없어요. 허파도요. 우리의 놀라운 뇌조차도 믿지 못하고 부러워할 거예요.

간은 어떻게 이런 놀라운 재생 능력을 지닐까요?

사실 간 전문가들도 몰라요. 네덜란드의 과학자 한스 클레버스는 "수수께끼"라고 했어요. 재생된 간은 원래 모습과 똑같지는 않지만, 일은 잘해요. 클레버스에 따르면 원래의 간보다 좀 우둘투둘하고 거칠어진 모습이지만, 그래도 제 기능을 충분히 한대요.

- 피에 든 독소를 제거해요. 에너지를 생산할 때 나오는 **암모니아**도 그중 하나예요. 간은 암모니아를 **요소**로 바꿔요. 요소는 소변에 섞여 나와요.

- 연료 창고 역할을 해요. 음식을 많이 먹어서 몸에 포도당이 지나치게 많아지면, 간은 남는 포도당을 **글리코겐**으로 바꿔서 저장해요. 그러다가 끼니도 거르고 열심히 게임을 할 때처럼 연료가 필요해지면, 간은 글리코겐을 포도당으로 바꿔서 혈액으로 분비해요.

옛날에는 간이 용기와 관련이 있다고 생각했어요. 간덩이가 부었다고 말할 때처럼요.

췌장(이자)과 지라

여기서 문제 하나. 췌장과 지라 중에서 하나를 떼어내야 한다면, 여러분은 어느 쪽을 택하겠어요?
나는 여러분이 지라를 택했으면 해요(미안해, 지라야).

지라도 분명히 유용하지만(위험한 침입자와 맞서 싸우는 데 도움을 줘요),
췌장은 없으면 죽을 테니까요.

췌장은 위장 뒤쪽에 끼워져 있고 젤리
같아요. 길이는 약 15센티미터이고
바나나와 비슷하게 생겼지요.

췌장액

매일 췌장은 **췌장액**을 1리터 넘게 생산해요.
췌장액에는 당과 녹말 같은 것들을 분해해서
음식물의 소화를 돕는 효소가 가득해요.

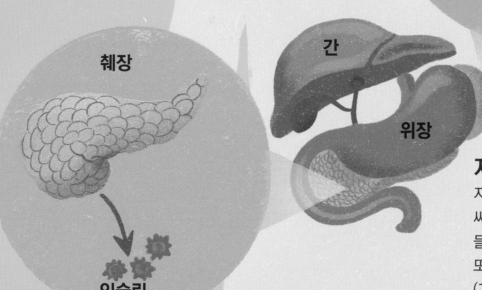

지라

췌장

간

위장

인슐린

지라

지라에는 감염에 맞서
싸우는 면역 세포가
들어 있어서 유용해요.
또 피를 거르는 일도 돕지요.
(그러나 지라를 잃으면, 간이
지라가 하는 일을 대부분
떠맡을 수 있어요.) 지라는
주먹만 하고 가슴 왼쪽의 꽤
위쪽에 놓여 있어요.

인슐린

췌장이 하는 일들 중에서 가장 잘 알려진 것은 아주 중요한 호르몬인 **인슐린**을 만드는 거예요.

인슐린은 포도당이 세포 안으로 들어가도록 해요. 세포 안에서 에너지를 생산하는 데 쓰일 수 있도록요.

혈당 수치가 높아질 때(도넛을 하나 먹었을 때처럼)

* 인슐린은 세포 표면에 달라붙어요.
* 그러면 포도당 운송 택시 역할을 하는 운반 분자들이 알아차리고서 세포 표면으로 와요.

* 포도당을 붙잡아 세포 안으로 끌어당겨요. 그 포도당은 혈액에 실려 돌아다니는 대신에 세포 안에서 에너지 생산에 쓰여요.
* 또 인슐린은 간에 글리코겐으로 저장한 포도당을 분비하지 말라고도 말해요. 그러면 간은 남는 포도당을 저장하는 쪽으로 전환하지요.

당뇨병

당뇨병은 혈당이 너무 높아지는 병이에요. 당뇨병은 1형과 2형 두 가지예요. 1형은 몸이 아예 인슐린을 생산하지 못하는 거예요. 2형은 인슐린이 어느 정도 생산되기는 하지만, 건강할 때에 비해 세포가 인슐린의 영향을 덜 받아요. 이것을 **인슐린 내성**이라고 해요.

1920년대에 들어서기 전까지, 제1형 당뇨병은 치료법이 전혀 없었어요. 환자는 목숨을 잃을 수밖에 없었지요. 그러다가 아주 가망이 없어 보이는 두 의료인이 훗날 "의학이 이룬 위업 중 첫 번째에 놓일" 업적을 이루었어요. 젊은 의사 프레더릭 밴팅과 그의 조수 찰스 허버트 베스트는 잘 알지도 못하는 상태에서 개에게서 췌장액이 섞이지 않은 인슐린을 채취하는 데 성공했어요. 그들은 곧 환자에게 주사할 만치 순수한 인슐린을 얻었어요. 머지않아 인슐린은 대량으로 생산되어 전 세계에서 많은 사람들의 목숨을 구했어요.

프레더릭 밴팅은 실험 일지에 당뇨병의 철자를 잘못 적을 정도로 당뇨병을 거의 모르는 상태에서 연구를 시작했어요.

오늘날 인슐린은 효모나 세균을 이용해서 생산해요. 이 단백질 암호를 지닌 유전자를 효모나 세균에 넣으면 인슐린이 계속 생산되지요. 그것을 정제해서 약으로 만들고, 환자가 직접 자기 몸에 주사해요. 1형 당뇨병 환자 (그리고 일부 2형 당뇨병 환자)는 혈당을 조절하기 위해서 정기적으로 인슐린을 주사해요.

콩팥

눈, 겨드랑이, 편도—그리고 쌍둥이—처럼, 콩팥도 쌍으로 있어요. 간에 비하면 그다지 크지 않지만 (각각 무게가 햄스터만 해요), 아주 중요해요.

두 손을 등의 척추 양쪽 갈비뼈 아래에 가져다대봐요. 손가락이 닿는 부위에 바로 콩팥이 있어요. (오른쪽 콩팥이 왼쪽 콩팥보다 조금 아래에 있어요. 커다란 간이 아래로 누르고 있어서예요.)

콩팥이 주로 하는 일은 피를 거르는 거예요.

콩팥이 하는 극도로 중요한 일은 피에 물과 염분이 알맞게 있는지 확인하는 거예요. 염분을 너무 많이 먹으면, 콩팥은 남는 염분을 걸러서 방광으로 보내요. 소변으로 내보내도록요.

예전에 유럽에서는 집에 화장실이 없어서 요강에 담긴 배설물을 창밖으로 내버리곤 했대요. 우리 세포도 비슷한 일을 해요. 미토콘드리아가 음식물의 에너지를 세포의 에너지로 전환할 때, 암모니아라는 노폐물이 생겨요. 암모니아는 혈액으로 빠져나와요. 간은 암모니아를 요소로 바꾸지만, 요소도 혈액에 곧 쌓일 것이고 그러면 해를 입게 돼요. 다행히 콩팥은 요소를 걸러내요. 요소와 다른 독소를 제거해서 소변으로 내보내지요. 반면에 비타민과 호르몬 같은 좋은 물질들은 혈액으로 돌려보내요.

콩팥은 청소 애호가예요. 어른의 몸에는 혈장이 평균 약 3.5리터 있어요. 콩팥은 혈장을 거르고 또 걸러요. 매일 약 180리터를 거르는 것과 같아요. 욕조를 가득 채우고 넘칠 만한 양이에요.

용감하거나 무모하거나…아니면 양쪽 다?

1869년 독일의 외과의사 구스타프 지몬은 환자의 한쪽 콩팥을 떼어냈어요. 그 콩팥은 병이 들어서 떼어내는 것이 좋은 생각 같았지요. 그런데 떼어냈을 때 어떤 일이 벌어질지 아무도 몰랐어요. 우리에게 콩팥이 두 개 필요해서 두 개가 있다고 가정하는 것이 타당해 보였어요. 하나로는 부족하다고요. 그런데 한쪽 콩팥을 떼어낸 환자가 죽지 않자, 지몬은 너무나도 기뻤어요. 환자도 그랬겠지요. 사람이 콩팥 하나만으로도 살아갈 수 있다는 사실을 처음으로 알게 되었답니다.

방광

영어에서는 신체 기관을 가리키는 단어 중 방광이 가장 오래된 것에 속해요. 앵글로색슨족 시대부터 있었고, "오줌"이라는 단어보다 약 600년 먼저 쓰였어요.

방광은 풍선과 비슷해요. 오줌이 찰수록 점점 부풀어올라요. 방광이 차고, 지금 여기에서 비우는 편이 좋겠다는 판단이 서면, 뇌는 두 가지 명령을 내려요.
그러면 다음과 같은 일들이 일어나지요.

1. 방광 벽의 근육이 방광을 조여서 오줌을 밀어내요.

2. 방광 **조임근**이 느슨해져요.
   오줌은 **요도**라는 관을 통해서 몸 밖으로 빠져나와요.

오줌은 무엇일까요? 오줌은 액체 노폐물로, 이런 것들이 들어 있지요.

- 물

- 염분

- 암모니아가 변한 요소와 요산

- 그밖에 몸이 오줌을 통해 밖으로 내보내고 싶어하는 모든 것들. 몸에 포도당과 비타민이 너무 많으면 일부가 오줌에 섞여 나오기도 해요.

1820년대에는 축구를 할 때 양이나 돼지의 방광으로 만든 공을 찼어요. 누군가가 입으로 방광을 불어서 팽팽하게 한 다음, 가죽으로 감쌌지요.

88

방광의 한 가지 불행한 특징은 쓸개, 콩팥과 마찬가지로 안에 **돌**이 생기는 경향이 있다는 거예요. 돌은 칼슘과 염분이 뭉쳐서 딱딱하게 굳은 거예요. 예전에는 돌이 생기면 치료하기가 무척 어려웠어요. 제거하는 수술이 너무나 고통스럽고 위험해서, 환자들은 웬만하면 수술을 받지 않으려고 했어요. 미루다보면 돌은 점점 커져서 더욱 치료하기 어려워졌고요.

마침내 환자가 어쩔 수 없이 수술을 받기로 하면, 수술은 이런 식으로 진행되었어요. 기본적인 진통제를 투여한 뒤 누워서 두 다리를 머리 양쪽에 닿을 때까지 들어올려요. 힘센 사람 몇 명이 환자를 그 자세로 꽉 붙잡고 있는 동안, 외과의사가 몸속의 돌을 찾아서 빼냈어요. 환자가 느끼는 고통은 이루 말할 수가 없었어요!

새뮤얼 피프스가 받은 돌 제거 수술은 가장 널리 알려진 사례에 속해요. (그를 모를까봐 말하는데, 그는 주로 17세기에 활동한 영국인으로, 당시의 온갖 중요한 사건들을 기록한 일기 작가로 가장 잘 알려져 있어요.)

피프스의 방광 돌은 테니스공만 했어요. 4명이 그를 꽉 붙잡고 있는 동안, 외과의사는 가느다란 기구를 음경을 통해 방광까지 집어넣어서 돌을 고정시켰어요. 그런 뒤 수술칼로 재빨리 살을 째고서 방광까지 짼 뒤에 돌을 꺼냈지요.

수술은 놀라울 만치 빨리 끝났어요. 겨우 50초밖에 걸리지 않았죠. 그래도 피프스는 평생에 가장 긴 50초라고 느꼈을 것이 틀림없어요. 그 뒤로 여러 해 동안 그는 수술을 받은 날이 오면 특별한 저녁식사를 하면서 기념했지요. 또 돌을 상자에 넣어두고 관심을 보이는 사람에게 보여주면서 그 놀라운 이야기를 들려주곤 했죠.

누가 뭐라고 하겠어요?

음식

여러분은 어제 저녁에 뭘 먹었나요?

생선 튀김과 매시트 포테이토, 완두콩? 카레? 피자?
무엇을 먹었든 간에 자세히 살펴보면, 가장 간단한
식사도 겉으로 보이는 것보다 훨씬 더 흥미진진해져요.

생선 튀김과 매시트 포테이토, 완두콩을 살펴볼까요?

완두콩

완두콩은 비타민 C의 좋은 원천이고, 칼슘과 칼륨 같은
유용한 미네랄도 가지고 있어요.

비타민은 몸이 아무 탈 없이 잘 작동하기 위해 필요한
화학물질이지만, 몸에서 만들 수 없는 것들이 많아요.
비타민은 약 13가지가 있는데, 그중 비타민 C는 피부, 혈관,
뼈를 건강하게 유지하는 데 도움을 줘요.

물론 완두콩은 식물이지요. 그러나 식물의 대부분은
사실 우리 음식으로 쓰이지 않아요. 식물은 주로 우리가
소화하지 못하는 **셀룰로스**로 이루어져 있거든요. 우리는
채소라고 부르는 소수의 식물만 먹을 수 있어요. 채소에도
그리 많지는 않지만 셀룰로스가 들어 있어요. 모든
식물에 있으니까요. 하지만 채소에는 비타민 같은 좋은
성분도 많이 들어 있어요.

우리는 평생 동안 약 60톤의 음식을 먹어요.
소형차 60대를 먹는 것과 같지요.

생선 튀김

생선은 **단백질**의 좋은 원천이에요. 우리 체중의
약 5분의 1은 단백질이에요. 우리가 음식으로
먹는 단백질은 창자에서 일단 구성 단위인
아미노산으로 분해돼요. 몸은 이 구성 단위를
써서 필요한 단백질을 합성해요. 근육을 더
키우는 데 필요한 단백질 같은 것들이지요.
단백질은 육류와 생선에도 많이 들어 있지만,
콩 같은 식물에도 많아요.

매시트 포테이토

감자에는 **탄수화물**이 아주 많아요.

탄수화물은 몸이 활동하는 데 필요한 두 가지 주요
연료 중 하나예요. 모든 탄수화물은 탄소, 수소, 산소로
이루어져 있어요. 당(가장 단순한 포도당을 포함한)과
녹말은 탄수화물이에요.

매시트 포테이토는 삶은 감자에 버터와 우유를 넣고
으깬 것이라서, **지방**도 들어 있지요.

지방은 몸의 두 번째 주요 연료예요. 탄수화물처럼
지방도 탄소, 수소, 산소로 이루어져 있지만, 비율이
달라서 저장이 더 쉬워요.

건강하려면 지방도 먹어야 하지만, 알다시피 지방을
너무 많이 섭취하면 몸은 신이 나서 지방을 점점
더 많이 저장할 거예요.

날것을 그대로 먹는 대신에
요리해서 먹으면 많은 이점이 있어요.

- 독소가 파괴돼요.

- 맛이 좋아져요. 요리를 잘할수록 더욱
  맛있어지지요.

- 질긴 재료가 부드러워져서 씹기 쉬워져요.
  요리를 잘못하면 더 씹기 어려워질 수도 있어요.

- 몸이 이용할 수 있는 에너지의 양이 크게
  늘어나요.

영국 국립보건원이 추천하는
어린이에게 좋은 건강한 식단

- 매일 과일과 채소를 적어도 5회분 먹어요.
  1회분은 종류마다 달라요. 사과는 반 개,
  귤은 1개예요.

- 감자와 파스타 등 녹말이 든 음식이 중심인
  식사를 해요.

- 우유와 유제품, 또는 두유를 약간 곁들여요.

- 콩과 육류, 생선, 달걀처럼 단백질이 많이 든
  음식도 먹어요.

- 사탕, 케이크, 과자, 가당 탄산음료 같은 당이나
  지방이 많은 음식물을 줄여요.

열량

열량이나 칼로리라는 말을 들어보았지요?
열량의 단위가 칼로리예요. 식당이나 카페에는 한 접시의
열량이 얼마인지 적어놓은 곳도 있어요. 차림표에 이런
식으로 적어놓곤 하지요.

토마토 수프...(203 KCAL)

어묵과 시금치..(622 KCAL)

마르가리타 피자..(722 KCAL)

아이스크림..(537 KCAL)

원래는 **킬로칼로리**(kcal)인데, 음식의 열량을 이야기할 때는 그냥 줄여서
"칼로리"라고도 말해요.

센티미터가 거리의 단위인 것처럼, 킬로칼로리는 에너지의 단위예요.
1킬로칼로리는 물 1킬로그램을 1도 가열하는 데 드는 에너지의 양이에요.

이미 말했듯이, 몸의 연료인 ATP를 만들려면 음식물에 든 에너지가
필요해요. 살아가려면 에너지가 필요하므로, 에너지원이 든 음식물을 좋아하도록
우리는 빠르고 쉽게 이용할 수 있는 에너지원이 든 음식물을 좋아하도록
진화했어요. 바로 당이에요.

콜라 500ml에는 사과 3개 분량의 당(찻숟가락
약 13개 분량의 설탕)이 들어 있어요. 그러나
사과에는 비타민, 미네랄, 섬유질도 들어 있지요.

음식의 에너지는 흔히 칼로리라고 말하지만, "킬로줄"이라는 단위로 측정하기도 해요. 즉 차림표의 열량 숫자 옆에 "kJ"이라고 적혀 있을 때도 있다는 거지요. 그리고 학교에서는 이렇게 배워요. 1kcal = 약 4kJ.

우리의 먼 조상들에게 갑자기 많은 에너지가 필요한 상황이 닥쳤다고 상상해봐요. 자판기도 가게도 냉장고도 막대 초콜릿도 사탕도 아이스크림 트럭도 전혀 없었어요. 주변에 있는 과일만이 유일한 단것이었지요. 그래서 조상들은 단것을 맛보면, 에너지를 쉽게 얻을 수 있다는 사실을 알아차렸어요. 그래서 뇌도 그런 쪽으로 발달하게 되었죠. **맞아, 잘 찾았어! 빨리 먹어!**

지금은 상황이 달라요. 단것이 어디에나 있어요. 그리고 과일과 달리 비타민과 섬유질 같은 영양소가 없는 단것들이 대부분이에요. 그런데도 우리 뇌는 여전히 쉽게 열량을 줄 단 음식물을 먹고 싶어 안달해요. 그래서 우리는 당을 과다 섭취하곤 해요.

건강에 안 좋을 만치 많이 먹을 때가 너무나 많아요. 대개 탄산음료 캔 하나에는 11세 이상인 사람의 하루 권장 섭취량보다 더 많은 당이 들어 있어요. 또 많은 가공 식품에도 당이 들어 있고요.

우리에게 실제로 필요한 에너지, 즉 열량은 얼마일까요?

몸이 하루하루 얼마나 많은 에너지를 필요로 하는지에 따라 달라지고, 달리거나 자전거를 타거나 걸어서 학교에 가거나 자기 빨래를 세탁통에 넣을 때(당연히 하고 있죠?) 얼마만큼의 에너지를 쓰느냐에 따라서도 달라져요. 또 자라는 데에도 에너지가 필요하고요.

영국 정부의 영양 과학 자문 위원회는 평균 에너지 요구량을 이렇게 추정해요.

10세
1,936 KCAL

13세
2,200 – 2,400 KCAL

하지만 이건 평균값이에요. 같은 일을 할 때도 사람마다 쓰는 에너지량이 달라요. 열량이 더 많이 필요할 수도 있고 더 적게 필요할 수도 있어요.

우리는 그냥 있는 것만으로도 꽤 많은 열량을 태워요. 다음은 평균값이에요.

- 심장, 뇌는 하루에 각각 약 400칼로리.
- 간은 약 200칼로리.
- 하루 필요 열량의 약 10분의 1은 음식을 먹고 소화하는 데 쓰여요.
- 그냥 서 있기만 해도 시간당 약 107칼로리가 소모돼요.

가장 유명한 위장

예전에는 1822년에 일어난 한 불운한 사고 덕분에 얻은 지식이
우리가 위장에 관해서 아는 거의 전부였어요.

그해 여름에 미국 맥키노 섬의 한 가게에 손님이 들어왔어요. 그가 소총을
살펴보는데 갑자기 총알이 발사되었어요.

총알은 1미터 떨어진 곳에 서 있던 알렉시스 세인트 마틴이라는 젊은
캐나다인의 가슴에 구멍을 뚫어놓았어요. 그 결과 그는 결코 원하지
않았을 유명세를 치르게 되었답니다. 의학사에서 가장 유명한 위장을
지닌 사람으로 말이죠.

이건 기적이야!
마틴은 기적적으로 살아남았는데, 상처는 결코 완전히
아물지 않았어요. 미국 군의관 윌리엄 보몬트는 이
지름 2.5센티미터의 구멍이 마틴의 몸속과
위장을 살펴볼 수 있는 놀라운 창문이라는
것을 알아차렸어요. 보몬트는 마틴을 자기
집으로 데려와서 돌보았어요. 보답으로
마틴은 보몬트가 자기 위장에
이런저런 실험을 하도록 허락했죠.

보몬트는 정말로 놀라운
기회를 잡은 거였어요. 1822
년에는 목으로 넘어간 음식물이
어떻게 되는지 아는 사람이
아무도 없었거든요. 마틴은 그
음식물이 어떻게 되는지 직접
살펴볼 수 있는 위장을 가진
유일한 사람이었답니다.

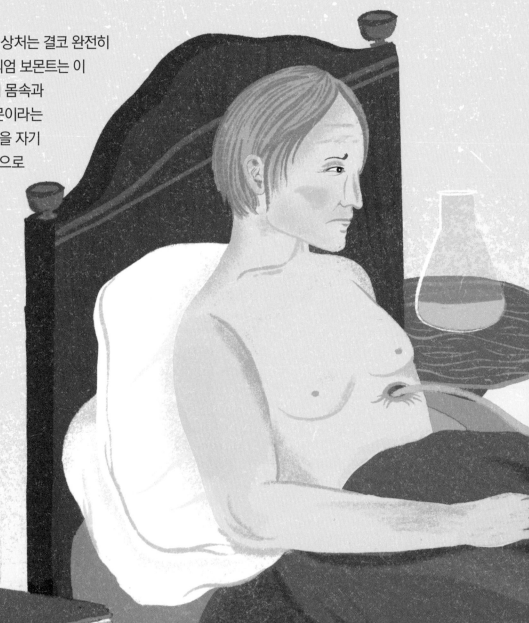

HEART MATTERS

MEDICINE

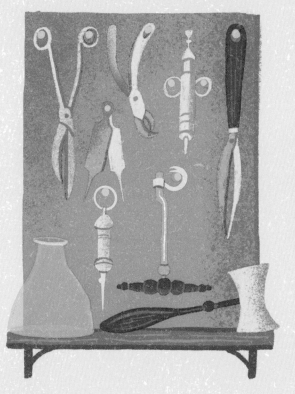

보몬트의 기이한 실험

보몬트는 비단실에 다양한 음식물을 묶어서 이 구멍을 통해 마틴의 위장에 직접 집어넣었어요. 그런 뒤 시간을 달리하면서 놔두었다가 꺼내서 어떻게 되었는지 살펴보았어요.

심지어 마틴의 위장 안쪽을 핥아서 음식물이 있을 때 위장에서 신맛이 난다는 것도 알아냈어요. 그럼으로써 위장이 **염산**을 분비해서 음식물을 분해한다는 것을 발견했지요. 보몬트는 이 발견으로 유명해졌어요.

마틴이 늘 협력한 것은 아니었어요. 달아나서 4년 동안 숨어 있기도 했어요. 보몬트는 기어코 그를 찾아내서 다시 별난 실험을 계속했어요. 보몬트는 이윽고 자신이 발견한 것들을 책으로 펴냈어요. 그렇게 해서 마틴의 위장은 그 뒤로 거의 100년 동안 음식물을 삼켰을 때 어떻게 되는지를 알려주는 유일한 지식의 원천이 되었지요.

마틴은 보몬트보다 27년을 더 살았어요. 그는 얼마 동안 떠돌이 생활을 하다가 결혼을 하고 6명의 자녀를 기르고, 1880년에 여든여섯 살로 사망했어요. 원치 않게 자신을 유명하게 만든 그 사고를 당한 지 거의 60년 뒤에요.

소화 기관

치즈 샌드위치를 한 입 먹었다면, 그후에는
어떤 일이 일어날까요?

여러분은 씹은 뒤 삼킬 거예요.
덩어리는 **식도**를 타고 내려가서
소화관이라고 하는 기관들의 집합을
차례로 지나가요. 먼저 들르는 곳은……

위장

알렉시스 세인트 마틴과 그의 유명한 위장 덕분에,
우리는 위장에 들어간 샌드위치가 염산을 뒤집어쓴다는
것을 알아요. 염산은 음식물 덩어리의 분해를 도울 뿐
아니라, 샌드위치나 샌드위치를 집은 손에 들어
있었을지도 모를 세균도 죽여요. 또 위장은 소화액도
분비해요. 위장의 힘센 근육은 음식물을 마구
짓누르고 휘저어서 소화액과 음식물이
잘 섞이도록 해요.

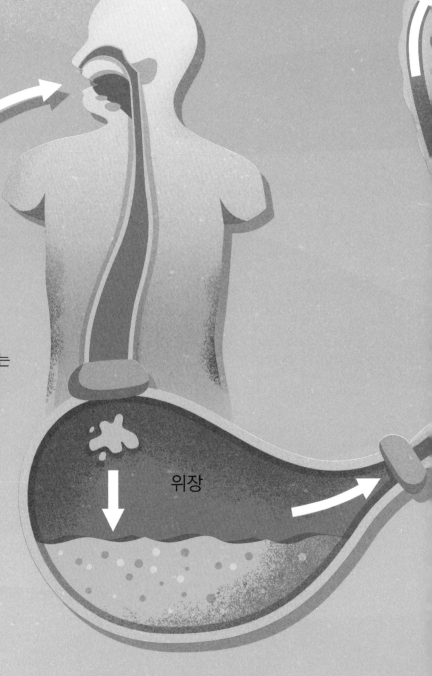

위장

**샌드위치가 죽처럼 변하면,
작은창자로 밀려 넘어가요.**

사람들은 대개 위장이 배꼽 부위에 있다고
생각하는데, 사실은 훨씬 더 위쪽에, 왼쪽으로
치우쳐 있어요. 다 자란 위장은 약 25센티미터
길이에, 권투 장갑과 좀 비슷하게 생겼어요.

어른의 위장은
약 1.4리터를 담을 수
있어요. 사실 그리 크지
않아요. 커다란 개의
위장은 이보다
두 배는 더 커요.

그런데 위장과 작은창자는 어떻게
강력한 소화액을 견디는 걸까요?
끈끈한 점액으로 두껍게 감싸서 그렇게 할
수 있어요. 이 점액이 우리 몸 자체가
소화되지 않도록 막아줘요.

작은창자

소화는 대부분 여기에서 이루어져요. 이름과 달리 작은창자는 실제로는 아주 길어요. 어른의 작은창자를 쭉 펴면 축구 골대의 가로대 길이와 비슷할 거예요.

작은창자의 벽에 있는 근육은 물결을 일으키면서 1분에 몇 센티미터의 속도로 음식물을 계속 밀어내요. 음식물은 이동하면서 강한 소화액들과 섞여요(췌장과 간에서 나오는 것도 있어요). 이런 소화액들은 지방, 탄수화물, 단백질을 아주 작은 조각으로 분해해요. 분해된 것들은 창자 벽을 통해 흡수되어서 혈액으로 들어가요.

점액

물결치는 근육에 밀려서 대변은 점점 소화관 끝으로 향해요.

작은창자

큰창자

막창자

소화할 수 없는 것들은 큰창자로 넘어가요⋯⋯

큰창자

여기서는 물이 흡수되고, 무수한 유익한 세균들이 작은창자에서 넘어온 것들을 닥치는 대로 먹어치워요. 이 과정은 3일까지 걸리기도 해요. 이때 많은 유용한 영양소가 흘러나와서 몸으로 흡수돼요. 나머지는 이제 엉겨서 덩어리가 되는데, 그게 바로 대변이에요.

곧은창자

곧은창자는 대변을 저장해요. 화장실에 갈 만치 충분히 모일 때까지요. 이제 치즈 샌드위치의 찌꺼기는 마지막으로 밀리면서 **항문**을 통해 밖으로 나와요.

막창자(맹장)는 지렁이처럼 생겼어요. 막창자가 터지거나 감염되면 위험할 수 있어요. 해마다 약 8만 명이 그 때문에 목숨을 잃어요. 막창자를 떼어내도 건강에는 아무런 문제가 없는 듯해요. 그런데 왜 있냐고요? 질문해줘서 고마워요. 과학자들은 막창자가 하는 일이 있다고 생각해요. 이로운 장내 세균을 저장하는 곳일 수 있다고 봐요.

대변과 방귀

사람은 평균 하루에 약 200그램을 배설해요. 1년이면 약 73킬로그램, 평생 따지면 5톤이 넘어요. 즉 우리는 평생 동안 자동차 5대만큼의 대변을 싸요. 하지만 평생 동안 자동차 약 60대 분량을 먹으니까, 그리 많이 싸는 것도 아니에요.

대변의 주성분

- 소화되지 않은 섬유질(식물에서 나온 것)
- 죽은 세균
- 죽은 창자 세포
- 죽은 적혈구 찌꺼기

현대에 대변을 과학적으로 자세히 살펴보기로 처음 결심한 사람은 테오도어 에셰리히라는 젊은 독일 의사였어요. 19세기 말에 그는 아기 응가를 현미경으로 관찰해서 19가지 미생물을 찾아냈어요. 그가 예상했던 것보다 훨씬 많았지요. 그중 가장 흔한 종류에 그의 이름을 따서 에스케리키아 콜리(*Escherichia coli*)라는 이름이 붙었어요. 바로 **대장균**이지요.

장 통과 시간은 삼킨 음식물이 대변으로 나오기까지 걸리는 시간을 말해요. 남성은 평균 55시간, 여성은 약 72시간이에요.

항문으로 나오는 것이 대변만은 아니랍니다. **방귀**도 나오죠.

방귀의 특징

- 이산화탄소. 많으면 50퍼센트
- 수소. 많으면 40퍼센트
- 질소. 많으면 20퍼센트
- 처음 냄새를 맡은 사람이 뀌었을 확률. 100 퍼센트. (엄밀히 말하면, 사실이 아니에요.)

사람들의 약 3분의 1은 방귀에 **메탄**이 섞여 있어요. 메탄은 온실 가스로 잘 알려져 있어요. 3분의 2는 메탄이 섞여 있지 않지만, 이유는 잘 몰라요.

방귀의 고약한 냄새는 **황화수소**에서 나와요. 농축된 황화수소는 사람을 죽일 수 있어요. 방귀에는 아주 조금 섞여 있을 뿐이에요. 냄새만 안 좋지, 사람을 죽이지는 못해요. 음, 몸속에서 폭발하지만 않는다면요….

폭발하는 방귀

1978년 프랑스의 외과의사들은 69세 남성의 곧은창자에 전기 기구를 넣고 가열했어요. 그냥 놔두면 암이 될 수도 있는 작은 혹을 지져서 없애려고요. 이건 정상적인 치료법이었어요. 그런데 가열하는 순간, 창자 안의 방귀 가스에 불이 붙었어요. 폭발하면서 말 그대로 창자가 찢어졌어요.

그 사람이 그저 아주 운이 나빠서 그런 일을 당했다고 생각하나요? 그런데 의학 학술지에는 항문 수술 때 창자 가스가 폭발하는 사례들이 많다고 나와 있어요. 다행히도 지금은 방귀 폭발 위험이 적은 수술법이 쓰여요.

통증

통증 : 좋을까요, 나쁠까요?

여러분은 나쁘다고 말할 거예요. 통증은 끔찍해요, 맞죠? 통증을 느끼고 싶어할 사람은 아무도 없을 거예요.
그런데 통증을 못 느끼면, 우리는 잘 다치게 되고 심하게 다치고도 전혀 모를 수도 있어요.
통증은 두 가지 아주 중요한 일을 해요.

- 스스로를 다치게 하는 일을 하지 않게 막아요.
- 다쳤을 때 살펴보도록 해요. 제대로 치료할 수 있도록요.

물이 끓는 냄비를 만지거나 운동장에서 넘어지거나,
다른 어떤 나쁜 일이 일어나서 다쳤다고 상상해봐요.

우리의 피부 바로 밑에는 **손상 수용기**가 있어요. 이 수용기는 세
종류의 손상이나 위험에 반응해요.

- 극심한 열기나 추위
- 산이나 알칼리에 입는 화상
- 무릎이 땅에 부딪치는 등의 기계적인 충격

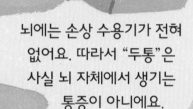

뇌에는 손상 수용기가 전혀 없어요. 따라서 "두통"은 사실 뇌 자체에서 생기는 통증이 아니에요.

이런 수용기는 반응할 때, 두 가지 신호를 뇌로 보내요.

- 빠른 신호. 아얏! 하고 느끼게 해요. 또 빠른 행동을
  취하게 해요. 뜨거운 냄비에서 재빨리 손을 떼는
  것 같은 행동 말이에요.
- 느린 신호. 이제 손상된 부위가 몹시 아파오기 시작해요.

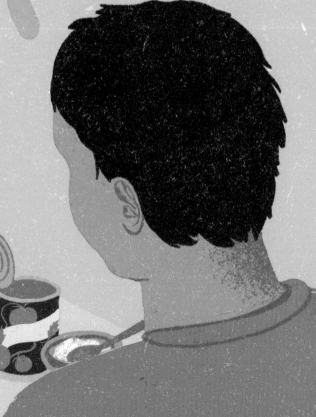

통증을 느끼는 정도는 여러 요인들에 영향을 받아요. 끔찍한 부상을 입고서도 거의 알아차리지 못했다는 이야기도 있고요. 1809년 오스트리아의 아스페른-에슬링 전투에서 있었던 일이 유명해요. 오스트리아의 한 대령이 말을 타고 군대를 지휘하고 있었는데, 한 병사가 그의 오른쪽 다리가 총에 맞아서 떨어져 나갔다고 알려줬어요. "그랬군." 그는 그렇게 말하고는 계속 싸웠어요.

정신을 딴 데로 돌리는 것만으로도 아픔을 덜 느낄 수 있는 반면, 아플까봐 걱정하면 거의 언제나 아픔을 더 느껴요. 수술을 받아본 적이 있나요? 게임기를 주고서 게임에 몰두하고 있을 때, 팔에 마취제 주사를 놓는 병원도 있어요. 주사가 아닌 다른 것에 정신이 팔려 있으면 덜 불안해지고, 따라서 아픔을 덜 느끼기를 바라면서요.

넘어져서 무릎이 까지거나 손이 벗겨졌을 때, 대개 상처가 나으면 통증도 사라져요.

그러나 통증을 계속 느끼는 사람도 있어요. 만성 통증이지요. 만성 통증은 치료가 무척 어려워요. 그리고 대개 당사자에게 아무런 도움도 되지 않는 통증이에요.

통증은 좋을까요, 나쁠까요? 이제 알았죠? 상황에 따라 달라요. 어느 쪽이든 될 수 있어요.

면역계

여러분에게 목숨을 걸고 여러분을 지키는
사병 부대가 있다면요?

정말이에요. **면역계**가 바로 그 군대예요.

우리 몸은 기본 방어 수단도 가지고 있어요. 곤충과
먼지가 귀로 들어오는 것을 막는 귀지가 한 예예요.
또 몸속에 있으면 안 될 것들을 찾아내고, 필요하면
죽이는 일을 맡은 특수 부대도 있어요.
그런 부대는 이런 것들을 찾아요.

- 위험한 세균
- 해로운 바이러스

세균과 바이러스. 어떤 차이가 있을까요?

위험한 세균은 우리를 아프게 하는
화학물질을 분비해요. 위험한
바이러스는 우리 세포를 죽이거나
세포를 망가뜨려요. 세균은
단세포이고 몸 안팎에서 살 수 있어요.
바이러스는 세포가 아예 없어요.
살아 있는 세포 안에서만 살 수 있는
화학물질 집합이에요. 바이러스는
세포에 들어가면, 세포를 강탈해서
자신의 사본을 많이 만들게 해요.
그러면 바이러스를 생물이라고 할 수
있을까요? 그럴 수도 있고, 아닐 수도
있어요. 과학자들도 아직 확신하지
못해요.

몸속의 핵심 방어 부대는 **백혈구** 다섯 종류예요.
모두 중요한 일을 하는데, 그중 **림프구**는 "몸 전체에서
가장 영리한 작은 세포"라고 불려요. 이유는 뭘까요?
거의 모든 유형의 무단 침입자들을 알아보고서 빨리
대응할 수 있어서예요.

림프구는 두 종류가 있는데, 각각은 다시 몇 종류로
나뉘어요. (나는 면역계가 복잡하지 않다는 말을 한
적이 없어요. 그래도 놀랍다는 것은 분명해요.)

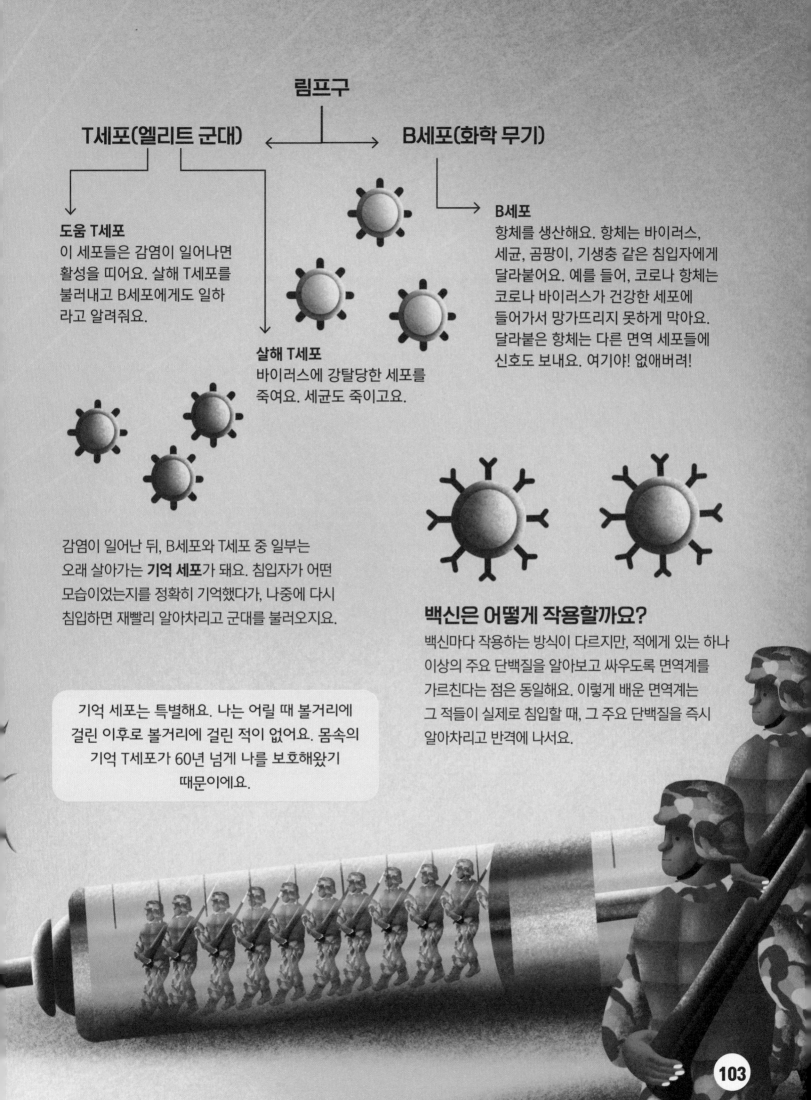

림프구

T세포(엘리트 군대)

B세포(화학 무기)

도움 T세포
이 세포들은 감염이 일어나면
활성을 띠어요. 살해 T세포를
불러내고 B세포에게도 일하
라고 알려줘요.

살해 T세포
바이러스에 강탈당한 세포를
죽여요. 세균도 죽이고요.

B세포
항체를 생산해요. 항체는 바이러스,
세균, 곰팡이, 기생충 같은 침입자에게
달라붙어요. 예를 들어, 코로나 항체는
코로나 바이러스가 건강한 세포에
들어가서 망가뜨리지 못하게 막아요.
달라붙은 항체는 다른 면역 세포들에
신호도 보내요. 여기야! 없애버려!

감염이 일어난 뒤, B세포와 T세포 중 일부는
오래 살아가는 **기억 세포**가 돼요. 침입자가 어떤
모습이었는지를 정확히 기억했다가, 나중에 다시
침입하면 재빨리 알아차리고 군대를 불러오지요.

기억 세포는 특별해요. 나는 어릴 때 볼거리에
걸린 이후로 볼거리에 걸린 적이 없어요. 몸속의
기억 T세포가 60년 넘게 나를 보호해왔기
때문이에요.

백신은 어떻게 작용할까요?
백신마다 작용하는 방식이 다르지만, 적에게 있는 하나
이상의 주요 단백질을 알아보고 싸우도록 면역계를
가르친다는 점은 동일해요. 이렇게 배운 면역계는
그 적들이 실제로 침입할 때, 그 주요 단백질을 즉시
알아차리고 반격에 나서요.

질병

여러분이 끔찍한 질병의 최종판을 고안하려고 애쓰는 악당이라면,
그 병원체가 이런 특성을 갖추도록 만들어야 해요.

* 놀라운 감염성
* 극도의 치명성
* 극도로 통제하기 어려움
* 완벽한 백신 저항성

다행히도 현실에서는 가장 무시무시한 질병도 이 네 가지
특성을 갖추고 있지 못해요.

피가 멈추지 않고 계속 쏟아지게 만드는 바이러스인 에볼라는 이
사악한 목록에서 처음 두 가지만 갖추고 있어요.

* 에볼라는 감염성이 아주 강해요. 이 o이라는 글자만 한 피 한
  방울에도 에볼라 입자가 1억 개 넘게 들어 있어요.
* 입자 하나하나는 수류탄만큼 치명적이에요.

그러나 에볼라는 두 가지 이유로 잘 퍼지지 못하기
때문에 통제하기가 쉬워요.

1) 누군가에게 증상이 나타나면 자신도 감염되지
않을까 하는 생각만 해도 너무나 무서워져요. 그래서
주변에 있던 사람들은 모두 멀리 피해요. 달아나는
것밖에 방법이 없으니까요.

2) 에볼라에 걸리면 금방 아주 심하게 앓아요.
환자가 금방 쓰러져서 혼자 남는 바람에
에볼라가 전염될 기회가 없을 때가 많아요.

성공하는 바이러스는 사람을 잘 죽이지 않으면서 널리 퍼질
수 있는 종류예요. 독감(인플루엔자)이 겨울마다 유행하는
것도 바로 이 때문이에요. 특히 면역력이 약한 노인들
사이에서 유행하지요. 대개 독감바이러스에 감염되면
하루쯤 지난 뒤에야 증상이 나타나고, 일주일쯤 지나면
나아져요. 그래서 걸린 사람이 독감을 널리 퍼뜨리기 쉬워요.

코로나도 감염 기간이 꽤 길어요. 감염되었을 때 며칠이 지난 뒤에야 주요 증상들이 나타나기 시작하는데, 그 사이에 많은 사람들을 감염시킬 수 있어요. 증상은 일주일쯤 지속되는데, 아주 잘 퍼져요. 그러나 독감과 마찬가지로 코로나 바이러스도 백신으로 예방할 수 있어요.

우리의 질병 중에는 동물에서 온 것들이 많아요. 특히 가축에게서요. 한센병, 페스트, 결핵, 장티푸스, 디프테리아, 홍역, 독감은 다 염소, 돼지, 소, 닭 같은 동물에서 곧장 넘어왔어요. 코로나는 동물에서 왔다고 여겨져요. 아마 박쥐에서 왔을 거예요.

독감은 많은 목숨을 앗아갔어요. 1918년에 대발생한 **스페인 독감** 사망자는 1억 명에 달할 수도 있어요. 사실 아주 치명적이지는 않았어요. 감염자 100명 중에서 "겨우" 2-3명이 사망했거든요. 그러나 백신이 없던 시대에 수많은 감염자가 발생한 탓에 사망자가 많았어요.

인류 역사상 가장 치명적이었던 질병은 천연두일 거예요. 노출되기만 하면 거의 모두가 감염되었어요. 그리고 감염자 10명 중 약 3명이 사망했어요. 천연두가 그토록 치명적이었던 주된 이유는 몸에 대규모로 침입하는 바람에 면역계가 감당할 수가 없어서였어요. 20세기에도 5억 명이 천연두로 사망했어요.

천연두는 사람에게만 감염되었기 때문에 결국 사라졌어요. 과학자들이 백신을 개발하자 갈 곳이 없어졌거든요. 1980년 세계는 천연두가 박멸되었다고 선언했어요.

천연두는 얼마나 감염성이 강했을까요? 1970년에 한 독일인이 파키스탄에서 돌아온 뒤에 천연두 증상을 보였어요. 그는 병원의 1인실에서 치료를 받았는데, 그러던 어느 날 그는 창문을 열고 몸을 밖으로 내밀었어요. 바로 그 일로 병원에 있던 17명이 감염되었어요. 2층이나 떨어져 있던 사람까지도요.

감염에 맞서기

우리가 질병과 싸우기 위해 만든 무기가 백신만 있는 것은 아니에요.
약도 있지요.

"항생제"는 생물에 맞서는 약이라는 뜻이에요.
이름은 그렇지만, 사실 항생제는 특히 세균을
없애는 약을 가리켜요.

학교에서 과학 시간에 페니실린이 무엇인지
배웠을 거예요. 그런데 페니실린이 어떻게
발견되었는지도 아나요? 그 놀라운 이야기는 아마
자세히 듣지 못했을 거예요.

1부 : 플레밍의 더러운 배양접시

1928년 연구자이자 의사인 알렉산더 플레밍은 휴가를
떠났어요. 런던 세인트메리 병원의 연구실에 더러운
배양접시 몇 개를 그냥 놔둔 채로요. 배양접시에는
세균들이 자라고 있었는데, 그가 없는 동안 곰팡이
홀씨가 떠다니다가 배양접시 하나에 내려앉았어요.

여기에서 평범한 일이 세 가지 일어났어요.

1. 플레밍은 배양접시를 씻지 않고 놔두었어요.
2. 그 여름에 날씨가 선선해서
곰팡이가 홀씨를 생산했어요.
3. 플레밍이 돌아올 때까지 배양접시를
아무도 건드리지 않았어요.

**그런데 여기에서 한 가지
놀라운 결과가 나타났어요⋯⋯**

연구실로 돌아온 플레밍은 배양접시마다 세균들이
잔뜩 자란 것을 보았어요. 하나만 빼고요. 균류가
내려앉은 바로 그 배양접시의 세균은 죽어 있었어요.
그는 세균을 죽인 것이 바로 곰팡이라는 것을
알아냈어요. 엄청난 발견이었지요. 그는 당연히
학술지에 논문을 발표했어요.

이 곰팡이는 페니실륨 노타툼(*Penicillium notatum*)
이었어요. 플레밍은 그 세균이 만드는 물질에
"페니실린"이라는 이름을 붙였어요. 그는 그 물질이
세균을 죽일 수 있다면, 세균에 감염된 사람도 치료할
수 있고 목숨을 구할 수도 있다고 생각했어요.

하지만 약을 만드는 일은 쉽지 않았어요. 옥스퍼드의
하워드 플로리 연구진은 그 방면으로 많은 발전을
이루었지만, 많은 사람을 도울 약을 개발하는 일은
여전히 어려웠어요. 그러다가 1940년대에
미국의 한 연구실에서 돌파구가
열렸어요.

2부 : 우연히 산 멜론

미국 연구실의 한 연구원이 동네 시장에서
캔털루프 멜론을 사왔어요. 그런데 그 멜론에는
"예쁜 황금색 곰팡이"가 피어 있었죠.
연구원들은 곰팡이를 긁어낸 뒤, 멜론을 잘라
먹었어요. 그런데 그들이 그 곰팡이를 시험하자
지금까지 찾아낸 그 어떤 곰팡이보다 세균을
억제하는 효과가 200배 더 뛰어나다는 것이
드러났어요. 그날 이후로 생산된 모든 페니실린은
그 멜론에 붙은 곰팡이에서 유래한 거예요.

곰팡이란 무엇일까요? 오랫동안
과학자들은 곰팡이가 약간 별난
식물이라고 생각했어요. 그런데
사실 곰팡이는 식물보다 동물에
더 가까워요. 그렇다고 해서
동물은 아니에요. 곰팡이는
효모와 함께 균류에 속해요.

페니실린과 다른 항생제들은 수많은 생명을 구했어요.
하지만 의사들은 항생제를 너무 자주 처방해서는 안
된다는 것을 깨닫기 시작했어요.
주된 이유는 두 가지였어요.

항생제 내성

항생제에 더 많이 노출될수록, 세균에게는
항생제를 견디고 더 나아가 극복할 방어 능력을
개발할 기회가 더 많아져요.

무차별 학살자

항생제는 나쁜 세균만 죽이는 것이 아니에요.
좋은 세균과 나쁜 세균을 가리지 않고
모든 세균을 다 죽여요.

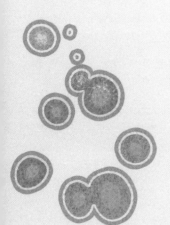

치료제를 주는 대신에 우리를
병들게 하는 곰팡이도 있어요.
무좀도 곰팡이가 일으키는
병이지요.

오늘날의 적들

천연두가 사라진 지금은 결핵이 지구에서 가장 치명적인 감염병이에요. 해마다 150만-200만 명이 결핵으로 목숨을 잃어요. 결핵은 결핵균이라는 세균이 일으켜요. 결핵은 백신도 있고, 효과적인 치료제도 있어요. 문제는 의학의 도움을 받지 못하는 사람들이 많다는 거예요. 결핵 사망자 중 95퍼센트는 가난한 나라에 사는 사람들이에요.

아주 까다로운 적

말라리아도 많은 목숨을 앗아가요. 말라리아에 감염된 사람의 피를 빤 모기가 다른 사람을 물면, 말라리아 기생충이 그 사람의 몸으로 들어가요. 해마다 약 60만 명이 말라리아로 목숨을 잃는데, 대부분이 아프리카에서 사는 아이들이에요.

2021년 세계보건기구는 최초로 말라리아 백신을 승인했어요. 개발하기까지 무려 30년이나 걸렸지요. 왜 그렇게 오래 걸렸을까요? 이 기생충은 표면의 단백질 모양이 계속 바뀌기 때문이에요. 그래서 면역계가 알아보도록 훈련시킬 방법을 찾아내기가 무척 어려웠어요.

아프리카 몇몇 지역에서 의사들은 특수 훈련을 시킨 쥐를 통해 결핵 환자를 찾아내요. 기침으로 나온 침에 결핵균이 있는지를 냄새로 알아내는 거예요. 쥐가 감염자를 찾아내고 목숨을 구하는 데 도움을 주지요.

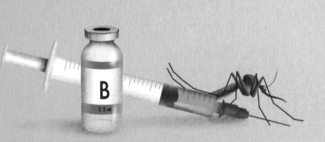

현재 약 10억 명이 **열대병**에 시달리고 있어요. 그런데 이런 질병들은 아프리카, 아시아, 아메리카의 가난한 지역에서 주로 유행하기 때문에 소외되어 있어요. 약을 만드는 제약회사들이 그런 질병을 막을 약이나 백신을 개발하는 일을 소홀히 한다는 뜻이에요.

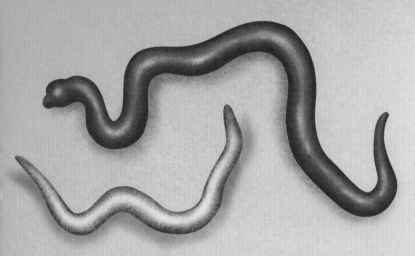

굴 파는 벌레

메디나충증은 그런 소외된 열대병 중 하나예요.
이 기생충은 사람의 몸속에서 1미터까지도 자라요.
그런 뒤 피부에 굴을 뚫어서 빠져나오지요.
이 기생충은 백신도 약도 없어요. 기생충이 피부를
뚫고 들어가면 작은 막대기에 감으면서 아주 천천히
잡아당겨서 빼내야 해요. 안 그러면 끊어져요.
빼내는 데 며칠이 걸릴 수도 있어요.

기생충은 다른 생물의 몸속이나 피부에 살면서,
그 생물로부터 영양소를 얻는 생물이에요.
가려움을 유발하는 진드기와 메디나충, 촌충, 말
라리아를 일으키는 원충도 사람의 기생충이에요.

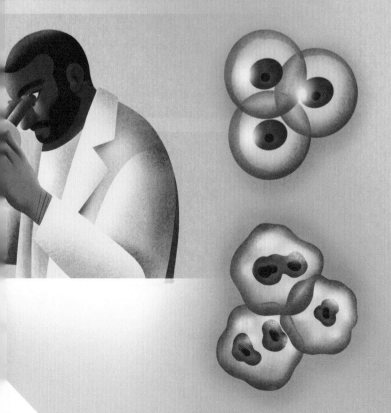

더욱 큰 위험 : 심장병과 암

오늘날 전 세계에서 가장 무시무시한 살인자는 감염이
아니에요. 바로 심장병이지요.

심장병은 심장의 동맥 벽에 지방이 쌓이면서 생겨요.
이 지방은 허파에서 산소가 풍부한 피가 심장으로
돌아오는 속도를 늦추거나 흐름을 아예 막을 수도
있어요. 흐름이 막히면, 심장근은 죽어요.

심장병과 몇몇 다른 질병(암을 포함한)을 예방하는
쉬운 방법이 두 가지 있어요.

* 건강하게 먹기
* 운동을 많이 하기

일부 바이러스와 세균이 암을 일으킬 수 있다는
것은 사실이에요. 주로 9–14세에 맞는 **HPV 백신**은
훗날 자궁암을 일으킬 수 있는 특정한 유형의
사람유두종바이러스(HVP)를 막아요. 그러나 대부분의
암은 감염으로 생기지 않아요.

모든 암이 지닌 공통점은 우리 자신의 세포로
이루어져 있다는 거예요.……그러나 엇나간
세포들이지요. 암세포가 정상 세포와 다른 주요
특징을 몇 가지 꼽으면요.

* 계속해서 분열해요.
* 몸에서 멈추라고 말하는 신호를 모두 무시해요.
* 몸을 속여서 자신에게 혈액이 공급되도록 해요.
* 몸의 다른 부위로 퍼져요.

암은 몸 자체의 세포로부터 생기기 때문에, 면역계가
적이라고 인식하지 않을 수가 있어요. 즉 면역계에
걸리지 않고 마구 불어날 수 있다는 뜻이죠. 중요한
기관, 신경이나 혈관에 암이 자란다면 치명적일 수
있어요.

알레르기

여러분은 땅콩 알레르기가 있나요? 건초열은요?
주변에 그런 사람은 없나요?

알레르기 반응은 면역계가 실제로는 해롭지 않은
것에 반응할 때 일어나요.

땅콩 알레르기가 아주 심한 사람은 아주
작은 땅콩 조각을 먹거나 호흡하기만
해도 치명적일 수 있어요. 왜 그럴까요?
면역계가 지나치게 반응하기 때문이에요.
그 결과 혈압이 심하게 떨어질 수
있어요. 그러면 주요 기관으로 가는
혈액이 줄어들어요. (실수로 땅콩을
먹어서 알레르기가 일어난 사람을
도울 수 있는 치료제들이 있어요.
땅콩 알레르기가 있어서 학교에
그런 약을 늘 가지고 다니는
친구도 있을 거예요.)

건초열은 면역계가 식물의
꽃가루에 반응하는 거예요. 대개는
아주 약해요. 콧물이 흐르고 눈이 쓰리고
재채기가 날 수 있어요.

또다른 흔한 알레르기 반응의
원인이 있어요.

- 집먼지진드기
- 개나 고양이 같은 반려동물의 털이나 미세한 피부 조각
- 벌이나 말벌의 침
- 주말에 해야 할 숙제를 내는 선생님

부모님 모두가 특정한
알레르기가 있으면, 아이도
그 알레르기를 지닐 확률이
40퍼센트예요.

예전에 비행기에서 두 줄
떨어진 곳에 앉은 승객이
땅콩을 먹는 바람에
알레르기를 일으켜서
이틀이나 입원한 아이도
있었어요.

퀴즈 풀어볼까요? (정답을 보기 전에, 한번 더 깊이 생각해봐요……*)

1. 알레르기는 왜 있을까요?

2. 부유한 나라일수록 알레르기가 있는 사람이 더 많은데, 왜 그럴까요?

3. 예전에는 사실상 없었던 땅콩 알레르기가 요즘은 왜 그렇게 많을까요?

4. 왜 주말에 숙제를 해야 할까요?

*답 :
이해가 될까요.
이해가 될까요.
이해가 될까요.
이해가 될까요.

알레르기는 평소에는 영리한 면역계가 뭔가 잘못되어 무해한(또는 벌독 같은 그다지 위험하지 않은) 것을 위험한 적이라고 판단할 때 일어나요. 더 드물긴 하지만, 면역계가 자신의 세포 집단을 적이라고 판단할 때도 있어요. 그럴 때 자가면역 질환이 생겨요.

어떻게 면역계가 극심한 혼란에 빠져서 자신의 건강한 세포를 공격하는 걸까요?

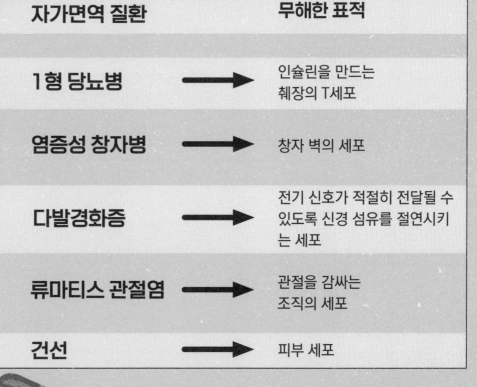

자가면역 질환	무해한 표적
1형 당뇨병	인슐린을 만드는 췌장의 T세포
염증성 창자병	창자 벽의 세포
다발경화증	전기 신호가 적절히 전달될 수 있도록 신경 섬유를 절연시키는 세포
류마티스 관절염	관절을 감싸는 조직의 세포
건선	피부 세포

노화

잔 칼망이 태어났을 당시에는 항공기도 자동차도 없었어요. 전등도 없었어요. 하지만 그녀가 세상을 떠날 즈음에는 인류가 달을 걷고, 인터넷이 발명되고, 영화 배트맨 시리즈가 5편이나 나왔지요. 칼망은 1875년 2월 21일 프랑스에서 태어났어요. 그리고 122년 164일이 지난 1997년 8월 4일에 세상을 떠났죠. 공식적으로 그녀는 가장 오래 산 사람이에요.

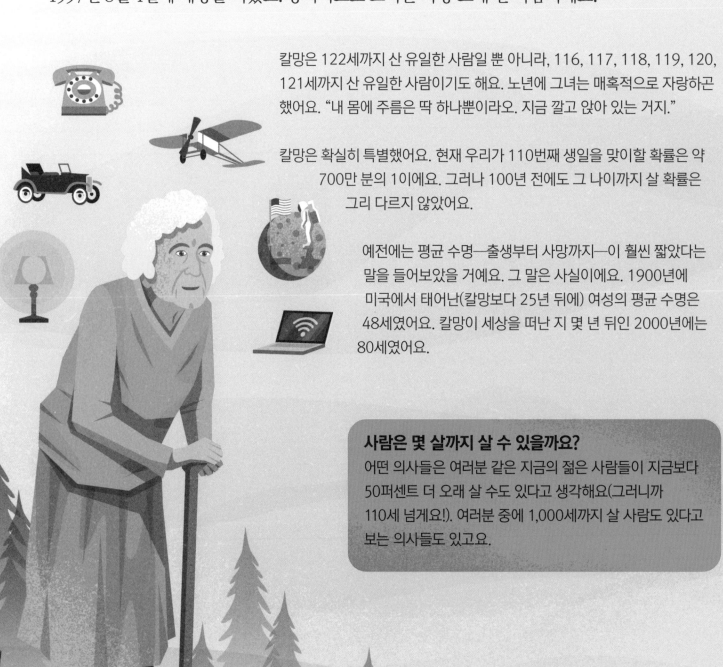

칼망은 122세까지 산 유일한 사람일 뿐 아니라, 116, 117, 118, 119, 120, 121세까지 산 유일한 사람이기도 해요. 노년에 그녀는 매혹적으로 자랑하곤 했어요. "내 몸에 주름은 딱 하나뿐이라오. 지금 깔고 앉아 있는 거지."

칼망은 확실히 특별했어요. 현재 우리가 110번째 생일을 맞이할 확률은 약 700만 분의 1이에요. 그러나 100년 전에도 그 나이까지 살 확률은 그리 다르지 않았어요.

예전에는 평균 수명—출생부터 사망까지—이 훨씬 짧았다는 말을 들어보았을 거예요. 그 말은 사실이에요. 1900년에 미국에서 태어난(칼망보다 25년 뒤에) 여성의 평균 수명은 48세였어요. 칼망이 세상을 떠난 지 몇 년 뒤인 2000년에는 80세였어요.

사람은 몇 살까지 살 수 있을까요?

어떤 의사들은 여러분 같은 지금의 젊은 사람들이 지금보다 50퍼센트 더 오래 살 수도 있다고 생각해요(그러니까 110세 넘게요!). 여러분 중에 1,000세까지 살 사람도 있다고 보는 의사들도 있고요.

우리는 왜 나이를 먹고 죽을까요?

많은 이론이 있어요. 하지만 그중에 옳은 것이 있는지조차도 알지
못해요. 이론은 크게 세 종류로 나눌 수 있어요.

- 유전자의 기능에 이상이 생겨서 죽는 거예요.
- 그냥 몸을 오래 써서 낡아서예요.
- 세포에 노폐물이 쌓여서 망가져요.

그러나 나이를 먹으면서 일어나는 변화들 중
우리가 아는 것들도 있어요.

- 방광은 탄성이 줄어들고 담는 소변의 양이 줄어들어요.
- 피부도 탄성을 잃어요. 더 건조해지고 더 가죽 같아져요.
- 혈관이 더 쉽게 파손되어서, 멍이 더 쉽게 들어요(멍은 피부 밑으로
  피가 새어나와 작은 웅덩이가 생긴 거예요).
- 면역계가 더 약해져요.
- 심장이 한번 뛸 때 밀려나오는 피의 양이 점점 줄어들어요(이 말은
  기관으로 들어가는 피의 양이 줄어든다는 뜻이에요).

완경

여성은 약 45-55세에 생리가
멈춰요. 이를 완경이라고 해요.
이때 몇몇 호르몬의 농도가
심하게 변해요. 완경이 되면
더 이상 임신을 할 수 없어요.
예전에 의사들은 난자가 다
없어지면 완경이 일어난다고
생각했지만, 사실이 아니에요.

그런데 정말로 이상한 점이
있어요. 양은 사람 이외에
완경이 일어나는 유일한 육상
포유동물이에요. 대부분의
동물은 완경을 겪지 않아요.
고양이도 돼지도, 침팬지도요.

죽음

매우 이상하게 들리겠지만,
죽음이 무엇인지는 전문가마다,
또 나라마다 의견이 갈려요.

체온 떨어짐

세포 파괴

장기 부패

뇌 활동 멈춤

세균의 가스 생산

6/1926 - 8/1962

**영국에서는 이럴 때
죽었다고 말해요.**

- 다시 의식을 차릴
  능력을 영구히 잃었을 때.
- 뇌줄기의 모든 기능
  (심장에 뛰라고 하고
  허파에 팽창하라고
  말하는 것 등)이
  멈췄을 때.

죽으면 어떤 일이 일어날까요?

거의 즉시 피부 표면 가까이에 있는 작은 혈관들에서 피가
빠져나가기 시작해요. 그래서 창백해져요.

신체 조직은 아주 빠르게 파괴되기 시작해요. 장기
기증자가 사망하자마자 가능한 한 빨리 이식할 장기를
떼어내는 이유가 바로 그 때문이에요.

사망한 뒤에 다른 기관들보다 더 늦게까지 활동하는
기관도 있어요. 뇌세포는 빨리, 즉 약 3-4분도 되지 않아
죽어요. 하지만 근육과 피부세포는 몇 시간 동안 살아 있을
수 있어요. 길면 하루까지도요.

사실 시신의 많은 부분은 여전히 살아 있어요. 사람 자신은
살아 있지 않지만, 몸속에 있는 수많은 세균은 아직 살아
있어요. 게다가 더 많은 세균이 몰려들지요. 세균들은
시신을 먹으면서 온갖 냄새나는 기체를 생산해요.
살이 다 사라지면, 냄새날 것도 없어요.

상황에 따라서는 부패 과정이 중단되기도 해요. 이런 일이
자연적으로 일어날 수도 있어요. 시신이 이탄(泥炭) 늪에
빠지면 더 이상 부패되지 않고 보존돼요. 이탄에 들어 있는
산에 사실상 절여지기 때문이에요. 그러나 의도적으로
시신의 부패를 막기도 해요.

미라화

고대 이집트의 미라 사진을 본 적이 있나요?
박물관에서 미라를 직접 본 적은요? 고대 이집트에서는
파라오와 귀족이 죽으면 시신을 보존했어요. 장기는
대부분 꺼냈어요(심장은 따로 보관했지만요).
뇌를 빼낼 때에는 금속 꼬챙이를 코로 집어넣어서
마구 휘저었어요. 그러면 뇌가 묽은 죽처럼 되면서
콧구멍을 통해 흘러나왔어요.

장기를 떼어낸 시신은 40일 동안 말렸어요. 그런 뒤
썩지 않도록 밀랍 같은 천연 방부제를 바르고, 리넨을
여러 겹 감았어요. 미라가 완성된 거예요.

머리가 잘리면 어떤 일이 일어날까요?

옛날에는 범죄자의 머리를 잘라내는 형벌도
있었어요. 사람들은 구경하러 모이곤 했지요.
그런데 잘린 머리가 눈을 깜박이거나 말하려고
애쓰는 모습을 보았다는 이들도 있었지요.

1803년 독일의 두 과학자는 이런 이야기들이
사실인지 조사했어요. 그들은 범죄자의 머리가
잘리자마자 다가가서 소리쳤어요.
"내 말 들려요?" 아무런 반응도 없었어요.
그래서 그들은 뇌가 몸에서 떨어지자마자
의식을 잃는다고 결론지었어요. 적어도 너무
빨리 의식을 잃어서 측정할 수 없다고요.

얼마나 빨리?

지금은 2-7초라고 추정해요. 빠르죠. 그래도 잘린
머리에 든 뇌가 정말로 몸과 분리되는 느낌이
어떤 것인지는 경험할 수 있는 시간이 아닐까요?

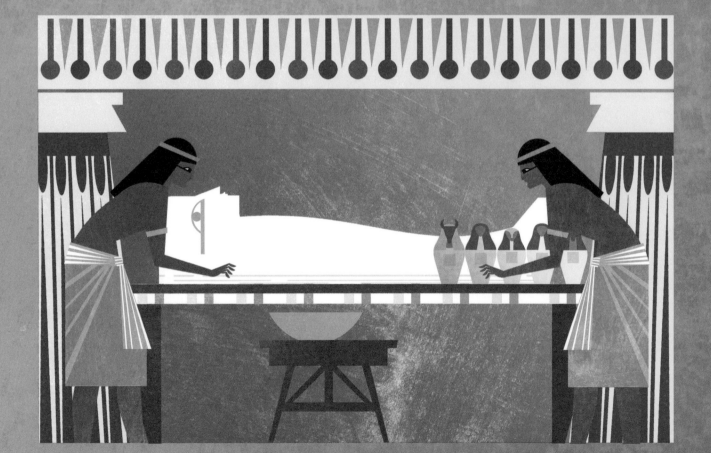

죽음 속이기

지금까지 끔찍한 감염과 으스스한 죽음에 대한 이야기들을 들려주었어요. 하지만 놀라운 생존 이야기도 있어요.

우리 몸은 꽤 강해요. 그리고 우리 뇌는 우리를 살아 있도록 하기 위해 무척 노력해요. 우리 몸이 어떤 놀라운 일들을 할 수 있는지를 보여준 불편한 실험들도 있어요. 예를 들면, 아주 뜨거운 열이 있지요.

걸어 들어가는 오븐

17세기에 런던의 의사 찰스 블랙던은 사람이 걸어 들어갈 수 있을 만치 커다란 오븐이나 다름없는 것을 만들었어요. 그와 친구들은 그 안에서 버틸 수 있는 한 버티는 실험을 했어요. (그런 일까지 하겠다고 나선 것을 보면 정말 좋은 친구들이었을 거예요.) 블랙던은 92.2도에서 10분을 견뎠어요. 친구인 유명한 식물학자 조지프 뱅크스는 99.4도에서 7분을 견뎌냈고요. 당연히 자원자들의 피부는 온도가 크게 올라갔어요. 블랙던은 소변의 온도도 쟀어요. 오븐에 들어가기 전과 나온 직후에 쟀지요.

그런데 놀랍게도 온도가 똑같았어요. 즉 몸속 "체온"은 변하지 않았다는 뜻이었지요. 이 실험은 인체가 강하다는 것을 보여주었어요. 즉 바깥 온도가 심하게 올라갈 때에도 몸은 체온을 일정하게 조절할 수 있어요. (그는 자원자들이 땀을 많이 흘린다는 것도 알아차렸어요. 그래서 땀이 몸을 식히는 데 중요하다는 점을 깨달았지요.)

이런 실험뿐 아니라, 사고와 "운 좋게" 재앙을 피한 사례들도 인체가 얼마나 강한지를 보여주었어요.

꽁꽁 얼어붙는 추위에도

캐나다에 사는 아장아장 걷기 시작한 아기 에리카 노드비는 어느 날 한밤중에 깨어나 집 밖으로 나갔어요. 한겨울이어서 바깥은 꽁꽁 얼어 있었죠. 아기가 마침내 발견되었을 때, 심장은 적어도 2시간 넘게 멈춰 있었어요. 그런데 동네 병원에서 조심스럽게 에리카의 체온을 올리자, 아기는 완전히 회복되었어요. 겨우 2주일 뒤 미국의 한 시골집에서 두 살 된 아기도 똑같은 일을 겪었어요. 그 아기도 완전히 회복되었지요. 별난 사례처럼 들릴 거예요. 하지만 죽는 것은 몸이 가장 원치 않는 일일 거예요.

비행기에서 떨어지고도 살아남아서 그 일을 들려준 사람(게다가 그 일은 시작에 불과했어요!)

1944년 3월 24일 영국 공군의 니컬러스 올크메이드는 폭격기를 타고 독일로 향했어요. 그런데 그가 탄 비행기가 피격되어 화염에 휩싸였어요. 그는 낙하산을 찾았지만, 이미 불타고 있었어요. 그래서 그는 그냥 뛰어내리기로 결심했죠……

그는 지상으로부터 5킬로미터 상공에서 뛰어내렸고, 시속 200킬로미터의 속도로 추락했어요. 나중에 그는 너무나 고요했다고 회상했어요. 떨어진다는 느낌도 전혀 안 들고, "허공에 붕 떠 있는 느낌"이었다고요.

그러다가 갑자기 소나무 가지들에 부딪쳤어요. 그는 앉은 자세로 눈더미에 쿵 떨어졌어요. 신발은 다 사라졌고 무릎이 욱신거리고 몇 군데 살짝 벗겨지기는 했지만, 무사했어요.

제2차 세계대전이 끝난 뒤 올크메이드는 화학 공장에 취직했어요. 어느 날 염소 가스를 다루는데 마스크가 헐거워졌어요. 그는 위험한 수준으로 그 화학물질에 노출되었어요. 15분 동안이나 의식을 잃고 쓰러져 있었어요. 이윽고 동료들이 그를 밖으로 끌어냈어요. 그는 기적적으로 살아났어요.

회복된 뒤 다시 일하는데, 이번에는 관 하나가 터지면서 머리에서 발끝까지 황산을 뒤집어썼어요. 극심한 화상을 입었지만, 그래도 살아남았어요.

그리고 다시 일을 시작했는데, 이번에는 높은 곳에서 길이 2.7미터의 금속 막대가 위에서 떨어졌어요. 거의 죽을 뻔했지요. 그런데 놀랍게도 또 살아남았어요.

그 뒤에 그는 훨씬 더 안전한 일자리를 구했어요. 가구 판매원이었지요. 그는 예순넷의 나이에 평온하게 자다가 숨을 거두었어요.

우리 몸은 온갖 충격과 타격을 입지만 놀라운 회복 능력을 보여준답니다.

117

따라서 우리 몸에는 이런 것들이 있어요

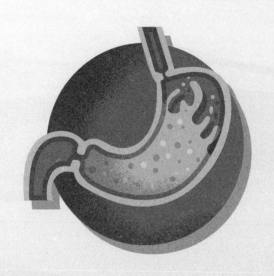

산을 뿜어내는 위장부터

늘 청소에 몰두하는 콩팥까지……

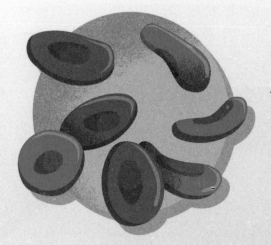

온몸을 바쁘게 빙빙 도는 혈구부터

생명을 유지하는 허파까지……

진드기가 가득한 머리 피부 비늘부터

냄새나는 방귀까지……

지금까지 놀라운 몸의
놀라운 이야기들을 잘 들었나요?

평소에 자기 몸에 별 관심을 가지지 않아도 괜찮아요. 몸은 여러분이 바쁘다는 것을 아니까요. 게임기와 스마트폰이 여러분의 관심을 끌고자 안달하니까요. 몸은 여러분이 관심을 주든 말든 간에, 여러분을 위해서 계속 일을 할 거예요. 하지만 가끔은 잠깐씩 딴 일을 멈추고서 자신의 몸이 얼마나 놀라운 일을 하고 있는지 떠올리게 될 거예요. 무릎이 까졌을 때 피부가 이미 치유를 시작했다거나, 달리고 있을 때 안뜰계가 몸의 자세를 똑바로 유지하고 있다는 사실이 떠오를 때가 말이에요.

이 책을 그냥 후루룩 넘기지(누가 그렇게 하는지 다 보여요) 않고
끝까지 꼼꼼하게 읽었다면, 또다른 사실도 알아차리게 될 거예요.
과학자들이 몸에 관해 아직 모르는 것들이 아주 많다는 사실을요.
아마 여러분이 어른이 될 즈음에는 꽤 많은 것을 밝혀내겠지요.
그렇지 않다면, 아마 여러분이 그런 답을 찾아낼 사람이 될 수도
있어요. 그렇다고 해서 여러분에게 심장이나 다른 장기로 관을
집어넣는 실험을 하라는 건 아니에요. 정말이에요!

자신의 몸이 얼마나 놀라운지 알아내기 위해서 어떤 방법을 택하든,
여러분이 나만큼 몸의 신비에 푹 빠지기를 바랄게요.

찾아보기

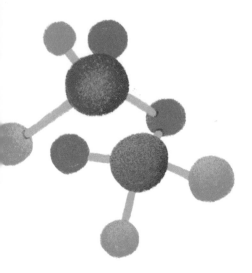

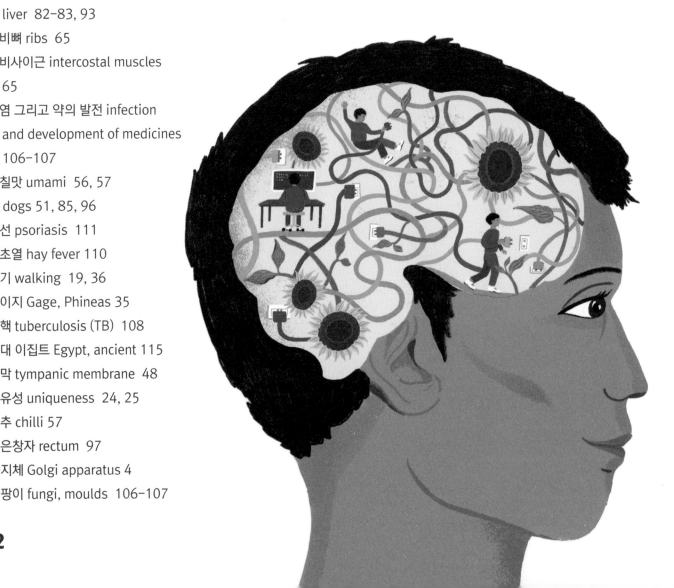

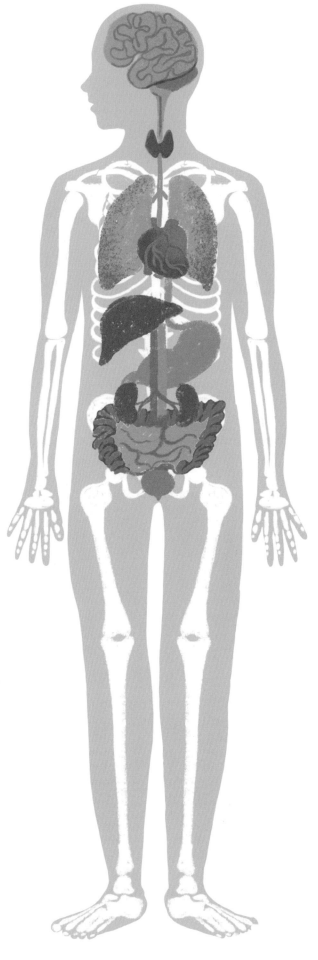

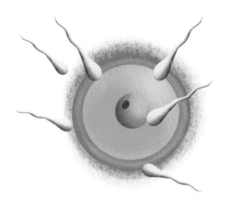

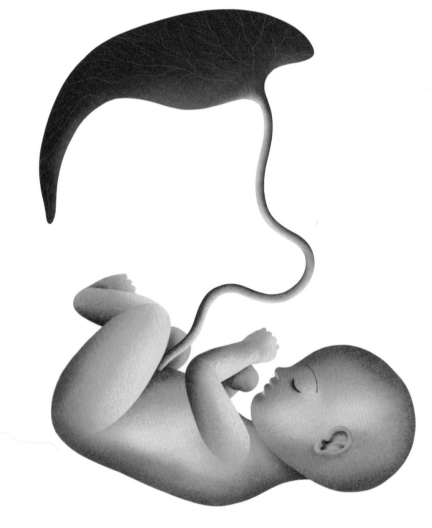

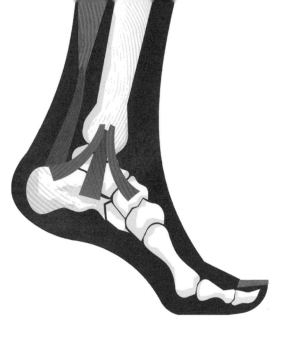

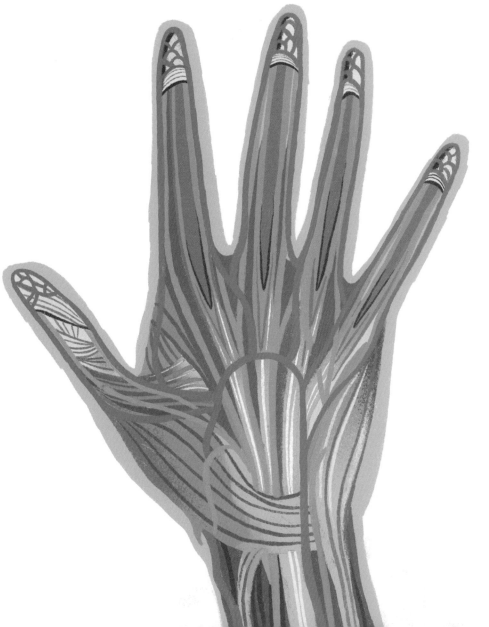

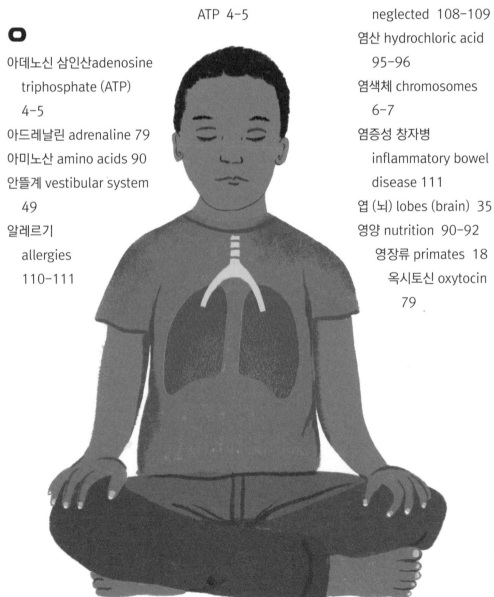

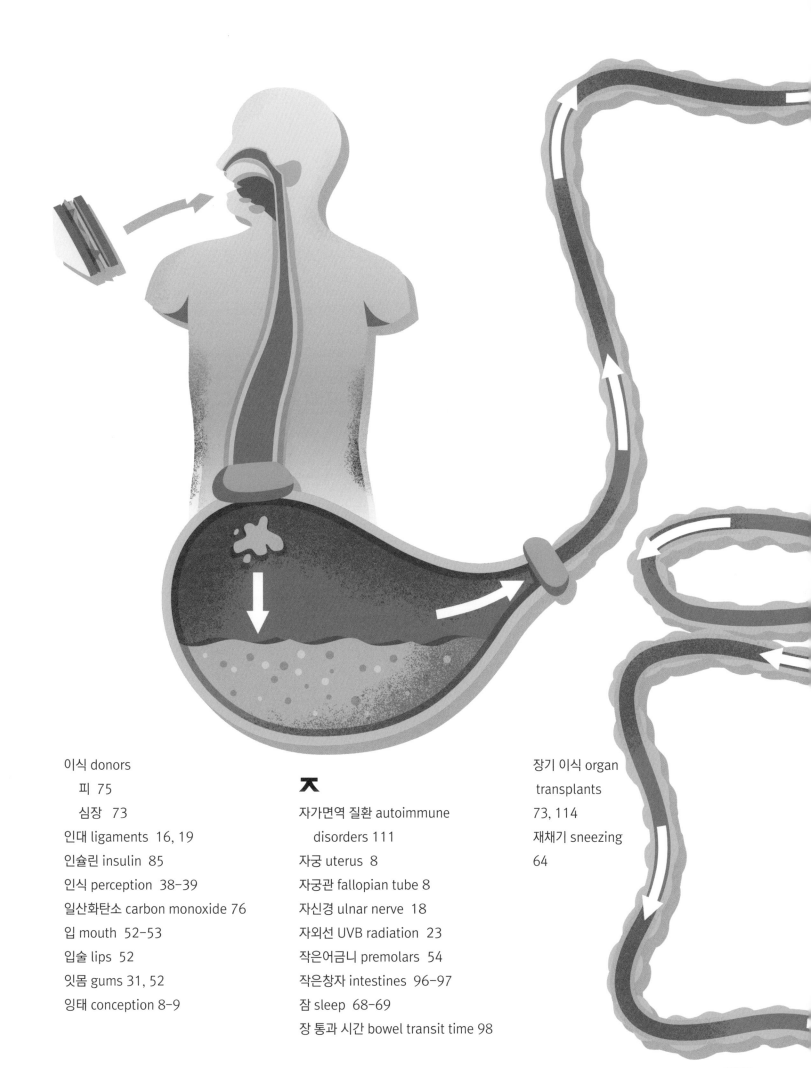

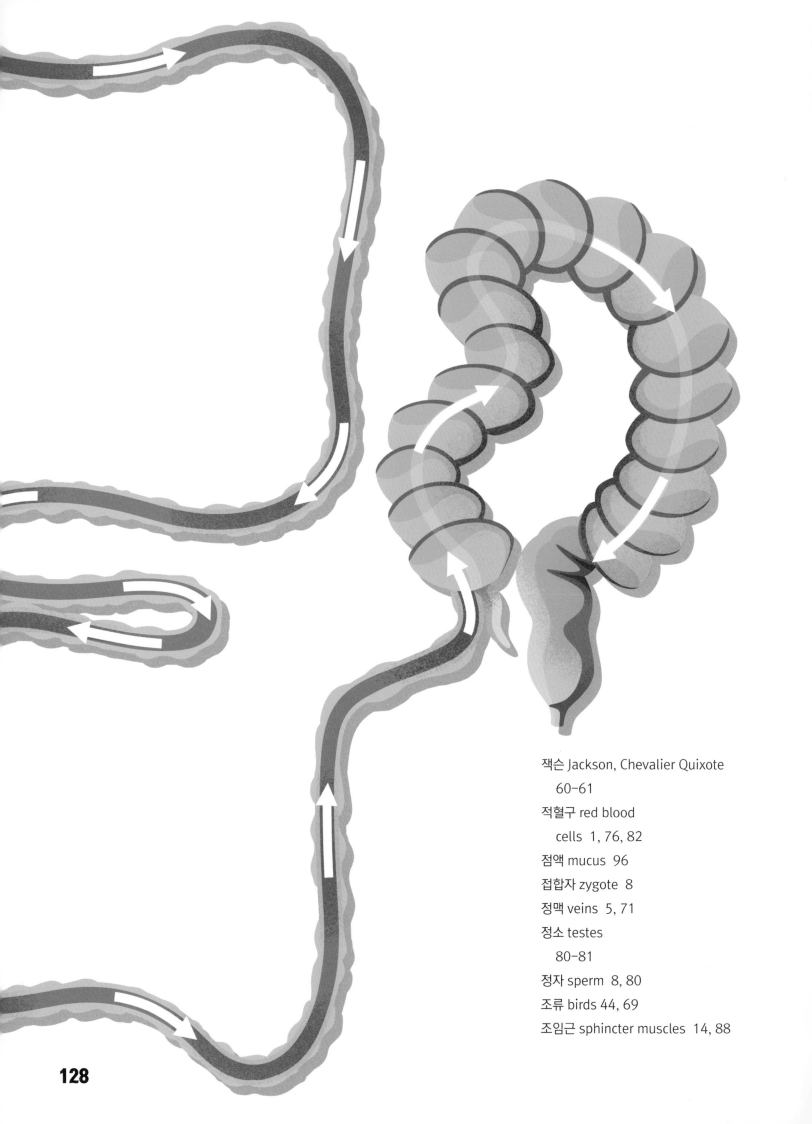

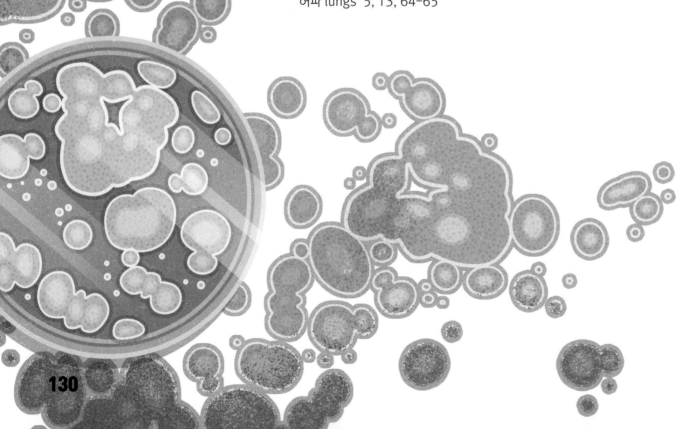

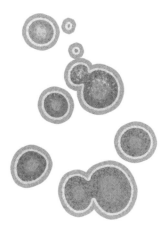

빌 브라이슨의
다른 책도 궁금하지 않나요?
생명, 우주, 그리고 모든 것에 관한
놀라운 책을 만나보세요!

미리 살짝 보고 싶다면,
다음 페이지로

도대체 어떻게 알아냈을까?

이 책은 어떻게 그런 일이 일어나게 되었는가에 대한 것이다. 특히 우리가 정말 아무것도 없는 곳에서 무엇인가 있는 곳까지 어떻게 오게 되었고, 아주 조금에 불과했던 그 무엇이 어떻게 우리 자신으로 바뀌게 되었으며, 그리고 그 사이에 일어났던 일의 일부와 그 이후에 대한 책이다.

사실인지 분명하지는 않지만, 나의 출발점은 내가 초등학교 4-5학년 때에 가지고 있던 과학 책이었다. 그 책은 1950년대의 모든 교과서가 그랬듯이 낡고, 가까이하고 싶지 않고, 두꺼웠지만, 첫 부분에 나를 사로잡은 그림이 있었다. 거대한 칼로 지구를 잘라서 전체 부피의 4분의 1 정도를 조심스럽게 드러내어 행성의 내부를 볼 수 있도록 그린 단면도였다.

너무 깜짝 놀라서 얼어붙었던 것이 생생하게 기억 난다. 아무런 의심도 하지 않는 운전자가 갑자기 6,500여 킬로미터 높이의 절벽에서 지구의 중심으로 곤두박질치는 끔찍한 모습이 떠올랐기 때문이었을 것이다. 그러나 서서히 내 관심은 학구적으로 바뀌어서 그 그림의 과학적 의미를 이해하게 되었다. 그림 설명을 읽고, 지구가 불연속적인 층으로 이루어져 있으며, 그 중심에는 태양의 표면만큼이나 뜨거운 철과 니켈이 있다는 사실을 깨닫게 되었다. 그리고 나는 정말 심각하게 고민했다. **어떻게 그런 사실을 알아냈을까?**

나는 과학이 정말 따분하긴 하지만, 반드시 그래야 할 필요는 없다고 생각하면서 자랐다.

기적이다!

나는 한순간도 그런 정보가 옳다는 사실을 의심하지 않았다. 나는 지금도 외과의사나 배관공을 믿는 것처럼 과학자들이 하는 말을 믿으려고 한다. 그러나 나는 일생 동안 어떻게 사람이 눈으로 본 적도 없고, X-선이 뚫고 들어갈 수도 없는 수천 킬로미터의 깊은 공간이 어떻게 생겼고 무엇으로 구성되었는가를 알아낼 수 있는지 이해할 수 없었다. **나에게는 기적과도 같은 일이었다.**

어떻게, 그리고 왜?

한껏 들뜬 나는 그날 밤 책을 집으로 가져왔고, 저녁을 먹기 전에 책을 펼쳐서 첫 쪽부터 읽기 시작했다. 어머니가 내 이마를 짚어보고 어디 아프지 않냐고 물어볼 것이라고 예상했다. **그런데 문제가 생겼다. 그 책은 전혀 재미있지 않았다.**

무엇보다도 그림을 보고 떠올랐던 의문 중 어느 것도 해결해주지 않았다.

- 지구의 중심에 어떻게 태양이 자리잡게 되었고, 그것이 얼마나 뜨거운지를 어떻게 알아냈을까?
- 땅 밑이 불타고 있다면 왜 우리 발 밑의 땅을 만져도 뜨겁지 않을까?
- 그리고 왜 땅속의 다른 것들이 녹아버리지 않을까, 아니면 녹고 있을까?
- 그리고 마침내 속이 전부 타버리고 나면, 땅의 일부가 빈 공간으로 꺼져서 표면에 거대한 하수구 구멍이 생기게 될까?

어느 천재가?

교과서의 저자는 그런 자세한 문제에 대해서는 이상할 정도로 침묵했다. 심보가 고약한 저자가 좋은 것은 꽁꽁 숨겨두려고 그런 모든 것들을 짐작도 할 수 없도록 만들어버린 것 같았다. 그리고 긴 세월이 지난 10여 년 전에 태평양을 횡단하는 비행기에서 멍하니 창밖을 내다보던 나에게 갑자기 내가 살고 있는 지구에 대해서 가장 기본적인 것조차 모르고 있다는 생각이 떠올랐다.

나는 이런 것도 몰랐다…

- 양성자는 무엇이고, 단백질은 무엇인지?
- 쿼크와 퀘이사가 어떻게 다른지?
- 지질학자들이 계곡의 암석층을 보고 얼마나 오래된 것인지를 어떻게 말해줄 수 있는지?
- 지구가 얼마나 무겁고, 바위들이 얼마나 오래되었으며, 그 중심에 정말 무엇이 있는지?
- 원자의 내부에서는 무슨 일이 벌어지고 있는지?
- 과학자들이 지금도 지진은 물론이고, 날씨도 예측하지 못하는 이유가 무엇인지?

나는 과학자들이 이런 질문에 대한 답을 1970년대 말까지도 몰랐다는 사실을 기꺼이 알려주고 싶다. 과학자들은 자신들이 그랬다는 사실을 알려주고 싶어하지 않는다.

우주를 요리하기

그렇다면 우리는 어디에서 왔고, 어떻게 시작되었을까? 아마도 모든 것이 시작되었을 때는 세상의 모든 것을 구성하고 있는 물질의 작은 입자인 원자가 있었을 것이다. 그런데 사실은 아주 오랜 세월 동안 원자도 없었고, 그런 원자가 떠돌아다닐 우주도 없었다. 아무것도 없었다. 어디에도 정말 아무것도 없었다. 과학자들이 특이점이라고 부르는 상상할 수도 없는 작은 무엇이 있었을 뿐이다. **공교롭게도 그것으로 충분했다!**

우주의 조리법

준비 재료 :

- 크기를 10억분의 1로 축소한 양성자 한 개.
- 여기서부터 우주의 끝 사이에 있는 (먼지, 기체, 그리고 찾아낼 수 있는 물질의 모든 입자들을 포함한) 물질의 마지막 하나까지의 모든 입자.
- 지극히 작은 양성자보다 훨씬 더 작은 공간!

한 개의 양성자를 선택해서…

아무리 애를 써도 양성자가 얼마나 작은지 짐작조차 할 수 없을 것이다. 너무나도 작다. 물론 양성자는 그 자체만으로도 상상할 수 없을 정도로 작은 원자의 무한히 작은 일부이다. 이제 가능하다면 (물론 가능하지 않다), 그런 양성자들 중 하나를 정상적인 크기의 10억분의 1로 축소시킨다.

더해준다…

- 찾을 수 있는 물질의 모든 입자들.
- 그리고 모든 것을 무한히 작은 공간 속으로 밀어넣는다.

훌륭하다! 우주를 시작할 준비가 끝났다.

진정한 대폭발(빅뱅)이 일어나기 전에

안전한 곳으로 물러나서 눈앞에 펼쳐지는 장관을 보고 싶어하는 것은 당연하다. 그러나 불행하게도 재료들이 뒤섞인 작디작은 혼합물 주위에는 아무런 '공간'이 없기 때문에 물러날 곳도 없다. 우리를 시작하도록 만들어준 것이 무엇이든 상관없이 그것이 어둡고 경계도 없는 공간에 매달려 있는 점이라고 생각하고 싶은 것은 당연하다. 그러나 우선 당장은 아무런 공간도 없고 어둠도 없다. 우리 우주는 아무것도 없는 상태에서 시작할 것이다.

우리도 길을 나선다

너무나 빠르고 극적이어서 말로 표현할 수도 없는 영광의 순간에, 단 한 번의 눈부신 번쩍임 속에서 재료들이 느닷없이 형체를 띠기 시작한다.

- 최초의 생생한 1초 동안에 물리학을 지배하는 **중력**을 비롯한 힘들이 생겨난다.
- 채 1분도 지나지 않아서 우주의 지름은 1,000조(兆) 킬로미터가 넘게 커지지만 여전히 빠르게 팽창한다.
- 100억 도에 이를 정도로 엄청나게 뜨거운 열 때문에 결국에는 **수소**와 **헬륨** 같은 가벼운 원소들을 만들어낼 핵반응이 시작된다.
- 그리고 3분 만에 우주에 존재하거나, 또는 존재하게 될 모든 것의 98퍼센트가 만들어진다.

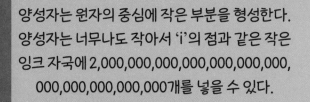

양성자는 원자의 중심에 작은 부분을 형성한다. 양성자는 너무나도 작아서 'i'의 점과 같은 작은 잉크 자국에 2,000,000,000,000,000,000,000, 000,000,000,000,000개를 넣을 수 있다.

그래서 우리 우주는 아무것도 없는 상태에서 시작된다

정확하게 언제 그런 일이 일어났는지에 대해서는 논란이 있었다. 우주론 학자들은 창조의 순간이 100억 년 전이었는지, 아니면 200억 년 전이었는지, 아니면 그 중간의 언제인지에 대해서 오랫동안 논쟁을 벌여왔다. 대략 137억 년이라는 숫자로 의견이 모아지고 있는 모양이지만, 그런 것들은 불가능에 가까울 정도로 측정하기가 어렵다. 아주 먼 과거의 알 수 없는 어느 순간에 역시 알 수 없는 이유로 과학에서는 '시간은 0', 즉 t = 0이라고 알려진 순간이 있었다는 것이 우리가 말할 수 있는 전부이다.

대폭발 이전에는 시간이 존재하지 않았다. 그러나 1초의 아주 작은 일부가 지나면 t는 무엇인가가 된다. 그것이 무엇인지 알아보자.

우리가 우주를 만들었다. 그곳은 훌륭한 곳이고, 아름답기도 하다. 그리고 대략 샌드위치를 만들 정도의 시간에 모든 것이 끝나버렸다.

거대한 대폭발

중력이 나타나고…
대폭발이 일어나고 1조분의 1조분의 1조분의 1,000만분의 1초에 중력이 등장한다.

전자기력과
핵력이 순간적으로 등장해서 물리학의 재료가 마련된다.

기본 입자들이
전혀 아무것도 없는 상태에서 나타난다. 갑자기 양성자, 전자, 중성자 등이 무리를 지어 나타난다.

대폭발 이론은 폭발 그 자체에 대한 것이 아니라, 폭발이 일어난 직후에 대한 것이다. 아주 오랜 시간이 지난 후의 이야기는 아니다. 과학자들은 엄청난 양의 계산과 입자 가속기에서 벌어지는 일을 관찰해서 창조의 순간으로부터 10^{-43}초까지의 상태를 알아낼 수 있다고 믿는다. 그때까지만 해도 우주는 너무나 작아서 현미경이 있어야만 찾을 수 있을 정도였다.

태양이 등장하고,
직경이 250억 킬로미터에 이르는 가스와 먼지의 거대한 소용돌이가 공간에서 만들어지기 시작한다. 그곳의 거의 모든 것, 사실은 99.9퍼센트가 태양을 만드는 데 쓰인다.

모든 사람들이 대폭발이라고 부르지만, 대부분의 책들은 그것을 일상적인 종류의 폭발이 아니라고 한다. 오히려 그것은 엄청난 규모의 거대하고 갑작스러운 팽창이었다.

지구가 나타난다
남아서 떠돌던 물질 중에서 두 개의 아주 작은 알갱이들이 충분히 가까워져 정전기력에 의해서 결합된다. 그것이 바로 우리의 행성이 탄생하는 순간이다.

'아기' 행성들
태양계 전체에서 똑같은 일이 일어났다. 먼지 알갱이들이 모여서 점점 더 큰 덩어리가 되었다. 결국 작은 행성체라고 부를 정도로 커졌다. 작은 행성체들이 끊임없이 서로 뭉쳐지면서 무한히 많은 방법으로 깨지거나, 갈라지거나, 다시 합쳐졌다. 그러나 모든 만남에서는 승자가 나타났고, 그런 승자들 중 일부는 자신들이 움직이는 궤도를 압도할 정도로 커졌다. 모든 일들이 놀라울 정도로 빨리 일어났다. 알갱이들의 작은 덩어리에서 아기 행성으로 자라기까지는 아마도 겨우 수만 년이 걸렸을 것이다.